漫畫 威士忌 入門

THE GUIDE OF Tasting Whisky FOR BEGINNERS

古谷三敏◎著　吳素華◎譯　姚和成◎審定

漫畫威士忌入門／目錄

第1章 蘇格蘭單一麥芽威士忌 個性鮮明、風味豐富

第2章 調和式・愛爾蘭威士忌 風味恆久超人氣

第3章 美國威士忌・加拿大威士忌

從強勁到溫和，多樣口感任君選擇

第5章 威士忌的基本常識 釀造與飲用

DALMORE
12
SUNTORY
WHISKY
17
GOLD MEDAL
I.W.HARPER
KENTUCKY
STRAIGHT BOURBON
WHISKEY
Crown Royal
Glenfiddich
12
STRATHISLA
12
CUTTY SARK
12

開始品賞威士忌

Bar Lemon Heart
夜幕低垂，燈火通明的「Bar Lemon Heart」裡，親切的酒吧師傅，正靜候著酒客們的造訪。
歡迎光臨！
師傅！

師傅，可以問您關於威士忌的知識嗎？小的立志要成為威士忌博士，萬事拜託了！
酒的作用只是讓人喝醉啊…小松你發生了什麼事啊？

身為自由作家的小松，即將負責動筆撰寫威士忌的連載專欄。他雖然是Bar Lemon Heart的常客，但實際上卻完全是個「酒痴」（酒類白痴）…

所以，他才想拜託這裡專業的酒吧師傅，一邊喝酒，一邊學習威士忌的知識。

放心吧小松，只要是你開口，我一定全力以赴！
就從今天晚上開始，每晚一杯、咱們邊喝邊聊！

威士忌基礎問答Q&A

就從基本的四個重點開始吧！雖說是基本常識，不知道的人卻出乎意料的多，現在就牢記下來吧！

1.威士忌的原料是穀物

Q：請問師傅，威士忌是由什麼釀造而成的呢？

A：是由大麥等穀物所釀造的。

一般是使用大麥，也有使用玉米或小麥等釀製的。

2.威士忌是蒸餾酒

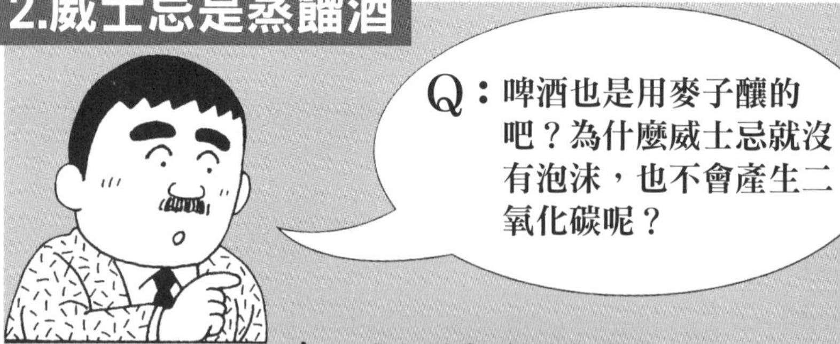
Q：啤酒也是用麥子釀的吧？為什麼威士忌就沒有泡沫，也不會產生二氧化碳呢？

A：威士忌與啤酒的差別，就在於「蒸餾」的程序。

啤酒、葡萄酒及清酒，都是原料經過發酵所製成的釀造酒。再經過蒸餾，產生高酒精濃度的酒，就稱為蒸餾酒。除威士忌之外，琴酒與伏特加也都是屬於蒸餾酒。

3.威士忌的特徵是熟成

Q：琴酒與伏特加都是無色透明的。為什麼威士忌的顏色呈現琥珀色呢？

A：蒸餾過後酒液是無色透明的，木桶的熟成過程，則賦予了威士忌顏色。

威士忌和同屬於蒸餾酒的琴酒、伏特加，差別就在有無使用木桶熟成。木桶的成分賦予了酒液顏色。例如葡萄酒經過蒸餾所製成的白蘭地，顏色也是經過木桶熟成，才產生的。

4.Scotch與Bourbon皆為威士忌

Q：在酒吧裡，好像沒有聽過「來杯威士忌！」的說法，威士忌不受歡迎嗎？

A：由於「威士忌」涵蓋的種類眾多，客人點用時多會使用其分類的名稱。

如「來杯Scotch（蘇格蘭）！」、「來杯Bourbon（波本）！」指的都是威士忌。根據原產國的不同，分類約有五種。（產地請見下頁）

威士忌五大產地攻略

威士忌雖是深獲世界各地喜愛的酒，但從事釀造生產的地區卻有限，約95％的生產量，均集中在下列五個地區中，它們分別具有各自獨特的風味、特徵，比起只是單純的喝，倒不如去尋找自己喜歡的類型，來得更有趣。

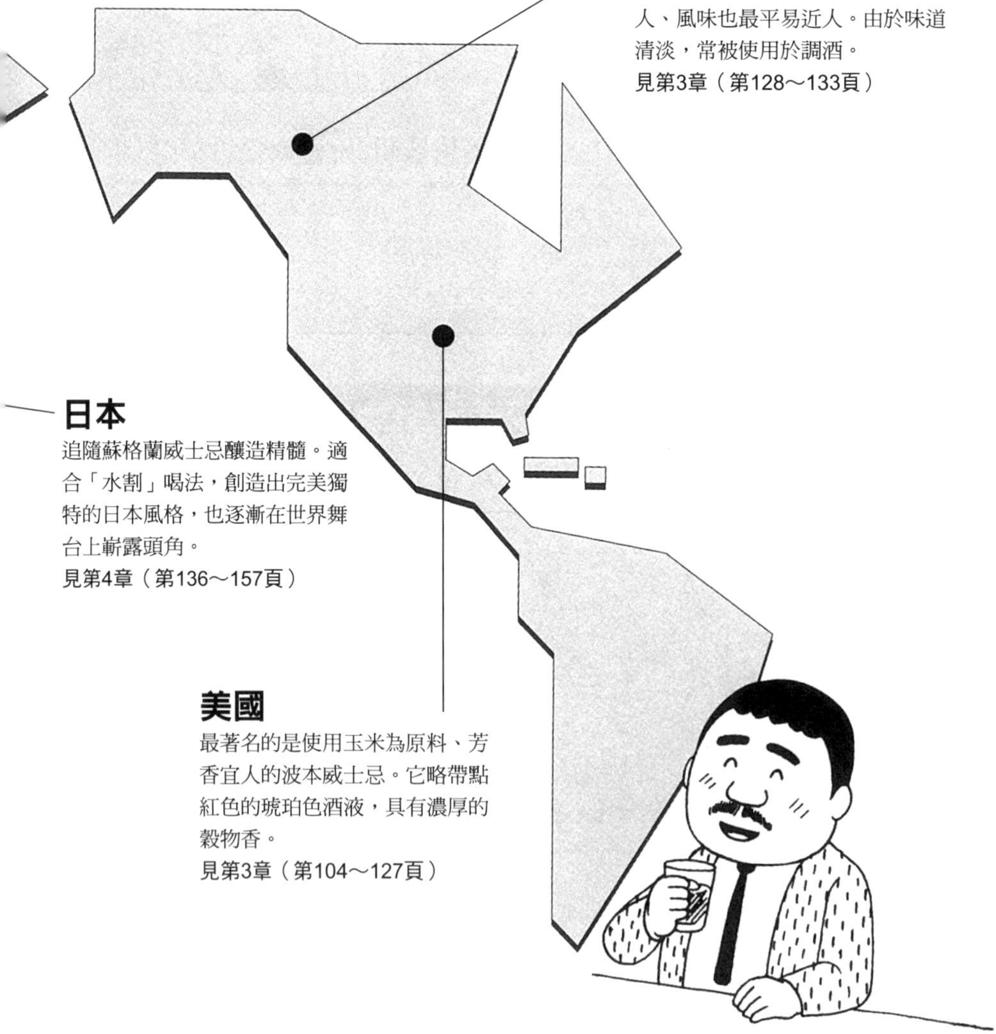

加拿大

在五大威士忌產地中，氣味最宜人、風味也最平易近人。由於味道清淡，常被使用於調酒。

見第3章（第128～133頁）

日本

追隨蘇格蘭威士忌釀造精髓。適合「水割」喝法，創造出完美獨特的日本風格，也逐漸在世界舞台上嶄露頭角。

見第4章（第136～157頁）

美國

最著名的是使用玉米為原料、芳香宜人的波本威士忌。它略帶點紅色的琥珀色酒液，具有濃厚的穀物香。

見第3章（第104～127頁）

蘇格蘭

只有在威士忌起源地——蘇格蘭所生產的威士忌，才能稱做蘇格蘭威士忌。煙熏風味濃郁芳香。

見第1、2章（第18～93頁）

愛爾蘭

據說愛爾蘭比蘇格蘭更早進行威士忌的釀造。口感清淡爽快，香味濃厚、平易近人。

見第2章（第94～101頁）

今夜，來杯威士忌吧！

認識威士忌最好的方法，就是多多嘗試囉！想要知道生產地、原料、製法和熟成年份的不同所造成的差別，只要多喝個幾回合，自然就能領會箇中的奧妙囉！身為初學者，多大膽品嘗各式各樣的威士忌種類，就能從中找到屬於自己喜歡的風味了。

喜歡個性鮮明風味者 →

蘇格蘭單一麥芽威士忌

多樣化的表現，可以滿足想要嘗試與眾不同風味的人。對於講究品味者，也能提供許多經典款的威士忌。（見第18頁）

想要從威士忌的「王道」開始嘗試者 →

蘇格蘭調和式威士忌

過去出國，用調和式威士忌作為餽贈親友的禮物，相當受到歡迎。如老帕爾（Old Parr）與起瓦士（Chivas Regal）等，都是調和式風味的經典威士忌。（見第68頁）

熱衷追求男人風味者 →

美國威士忌

強勁的口感，展現出屬於男人的風味。雖然有某些大眾不能接受的味道，但在喜愛的人口中，也就轉變成濃郁的穀物，與甘甜的香味了。（見第104頁）

想要了解傳統風味者

愛爾蘭威士忌

產於威士忌的發源地，似乎可以感受到懷舊的風情。比起其他種類威士忌，它的蒸餾次數較多，因為遵循古法釀造，也能感受到傳統風味。（見第94頁）

喜好清爽風味者

加拿大威士忌

輕快柔和的風味十分宜人，與無酒精飲料調和飲用。更增添飲酒的樂趣。（見第128頁）

偏愛水割喝法者

日本威士忌

沉穩的香味，即使採用水割喝法，香味也能擴散飄香。符合日本人的味覺，理所當然深受日本人喜愛。（見第136頁）

偶爾想要改變心情者

以威士忌作為基底的調酒

許多調酒均以威士忌作為基底。到了酒吧，不如點杯曼哈頓之類的調酒轉換心情，是個不錯的選擇。（見第180頁）

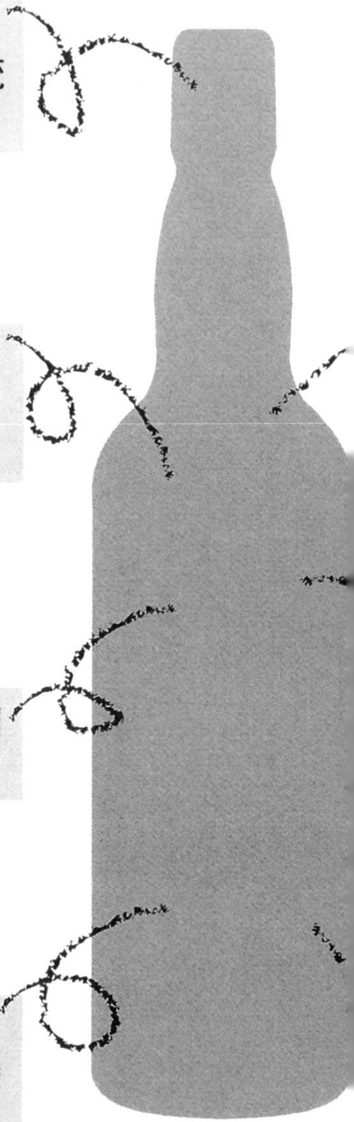

你要喝什麼呢？
威士忌專欄

威士忌也稱「生命之水」

蒸餾技術源自於中古世紀的煉金術師，他們將釀造酒進行蒸餾，產生具有如燃燒過後風味的液體，並以拉丁語將之命名為「Aqua-Vitae（生命之水）」，用來作為藥酒，也視為珍貴的寶物。

蒸餾技術後來不斷流傳，各地也開始生產起蒸餾酒，並將Aqua-Vitae（生命之水）翻譯成各地方言。在俄羅斯，譯成「Zhiznennia Voda」，就是今日的伏特加；法國譯成「Eau de Vie」，也就是今日的白蘭地，並得到「蒸餾酒女王」的稱號。而在北歐，蒸餾酒則被譯成「Aquavit」。

在愛爾蘭與蘇格蘭，則被譯成了蓋爾語（Gaelic）中的「Uisge-beatha」。經過轉變，也就成了今日人稱「蒸餾酒之王」的「威士忌」。

註：蓋爾語即是從歐洲中西部，移民到愛爾蘭、蘇格蘭的凱爾特族的語言。

第1章

蘇格蘭單一麥芽威士忌

▲個性鮮明、風味豐富▲

談到威士忌，非蘇格蘭莫屬

了解「單一麥芽」與「調和式」的差別

要能被稱作「蘇格蘭威士忌」，必須符合在蘇格蘭境內進行蒸餾，並經過三年以上的熟成程序等法定條件，才能有資格被冠上這幾乎已是「威士忌代名詞」的稱號。

蘇格蘭的威士忌品牌相當多，以類別來區分的話，可以分成單純使用大麥麥芽為原料的「麥芽威士忌（Malt Whisky）」，使用玉米等穀物為原料的「穀物威士忌（Grain Whisky）」兩者。不只在原料上有差別，它們連蒸餾的方式都不同喔！

調和式威士忌，就是將數十種麥芽威士忌，與數種穀物威士忌混合而成的。許多知名品牌如順風（Cutty Sark）、約翰走路（Johnnie Walker），以及老帕爾（Old Parr）等就是屬於調和式威士忌（Blended Whisky）。

近年來，單一麥芽威士忌（Single Malt Whisky）也一躍而成炙手可熱的明星商品。其擄獲人心的關鍵，就在於僅使用單一蒸餾廠生產的麥芽威士忌來裝瓶，不混合其他蒸餾廠所生產的威士忌，因此個性格外鮮明。

如果用音樂來比喻，單一麥芽威士忌可以說是獨奏，調和式威士忌則是交響樂，兩者都很悅耳動聽。
好比昆布和鰹魚，都是不錯的湯頭，兩者混合在一起時也相當美味，對吧？

認識蘇格蘭威士忌的種類

麥芽威士忌

原料 大麥麥芽。

製法 一般使用罐式蒸餾器，經過了二次蒸餾後，置入橡木桶經三年以上的熟成。

風味 風味多樣，各具獨特個性。

單一麥芽威士忌

僅在單一蒸餾廠中生產的麥芽威士忌。許多品牌就是直接用蒸餾廠的名字來命名。個性鮮明。

調和式威士忌

混合兩個以上的蒸餾廠所蒸餾生產的麥芽威士忌。

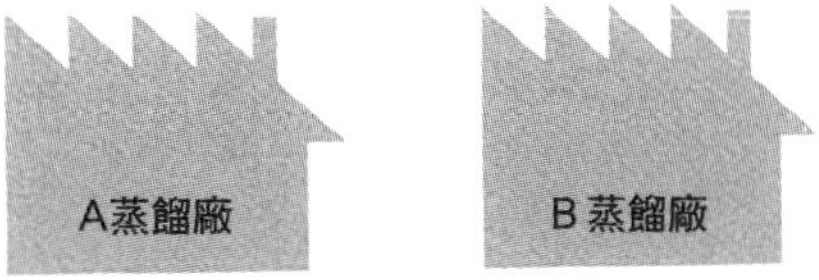

穀物威士忌

原料 玉米、黑麥及小麥等穀物。

製法 使用連續式蒸餾器蒸餾後，在橡木桶內經過三年以上的熟成。

風味 口感清淡。主要作為調和用。

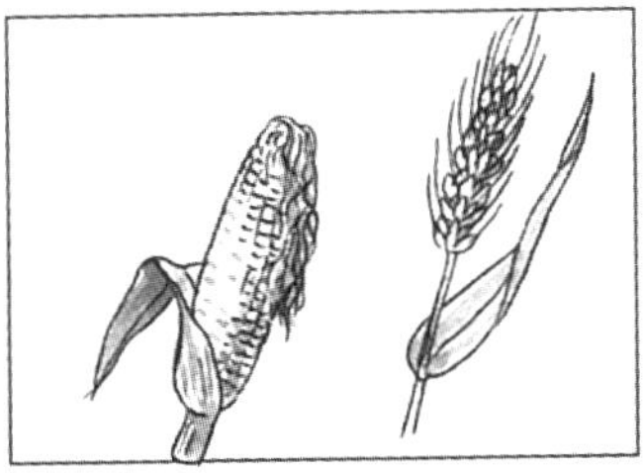

調和威士忌

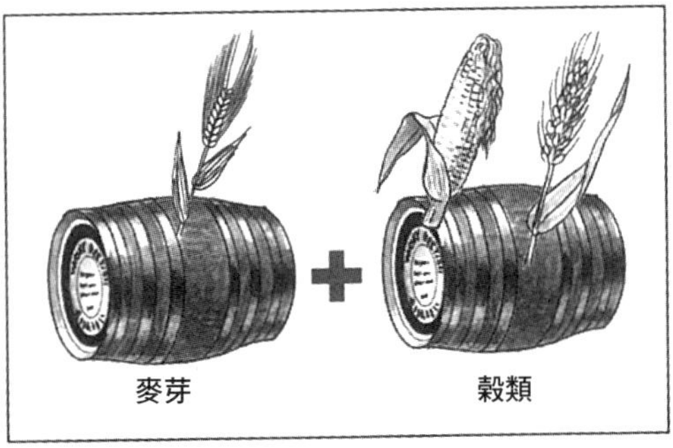

製法 多種類的麥芽威士忌，與穀物威士忌調和而成。

風味 風味玄妙，平易近人。

＊詳細製造法，請參照第160～169頁。

個性鮮明的單一麥芽威士忌

從中找出自己最愛的風味吧！

許多人可能會認為，所有的威士忌喝起來味道都一樣，但這真是大錯特錯了。最明顯的例子，就是單一麥芽威士忌了。從單一蒸餾廠生產出來的麥芽威士忌，完全不混合其他廠所生產的威士忌，鮮明獨特的個性，可說是威士忌的精髓所在。

蘇格蘭主要的威士忌產地（如左頁），可以分成六個主要區域。全部共約有一百一十個蒸餾廠，且幾乎所有的威士忌都直接以蒸餾廠的名字來命名。

單一麥芽威士忌，是根據蒸餾年份、熟成年數、酒精濃度等來分類，據說大約有一千種之多。各個蒸餾廠生產的單一麥芽威士忌，風味因當地的氣候及水質等不同而有差異，雖然多樣化仍無法勝過葡萄酒，但風味已經非常多樣。在這些個性鮮明的威士忌中，找到自己最喜愛的風味，正是品嘗單一麥芽威士忌的樂趣。

蘇格蘭的主要蒸餾廠

位置請參照左頁地圖

斯貝河畔區 Speyside
① 亞伯樂 Aberlour
② 百富 The Balvenie
③ 克拉格摩爾 Cragganmore
④ 格蘭花格 Glenfarclas
⑤ 格蘭菲迪 Glenfiddich
⑥ 格蘭利威 The Glenlivet
⑦ 麥卡倫 The Macallan
⑧ 斯特拉塞斯拉 Strathisla

高地區 Highlands
⑨ 大摩爾 Dalmore
⑩ 格蘭傑 Glenmorangie
⑪ 皇家藍勛 Royal Lochnagar

艾雷島 Islay
⑫ 雅柏 Ardbeg
⑬ 波摩 Bowmore
⑭ 拉加維林 Lagavulin
⑮ 拉弗格 Laphroaig

坎培爾鎮 Campbeltown
⑯ 雲頂 Springbank

低地區 Lowlands
⑰ 歐肯特軒 Auchentoshan

島嶼區 Islands
⑱ 高原騎士 Highland Park
⑲ 大力斯可 Talisker

認識蘇格蘭6大產地的特徵

（蒸餾廠名請參照右頁下方編號）

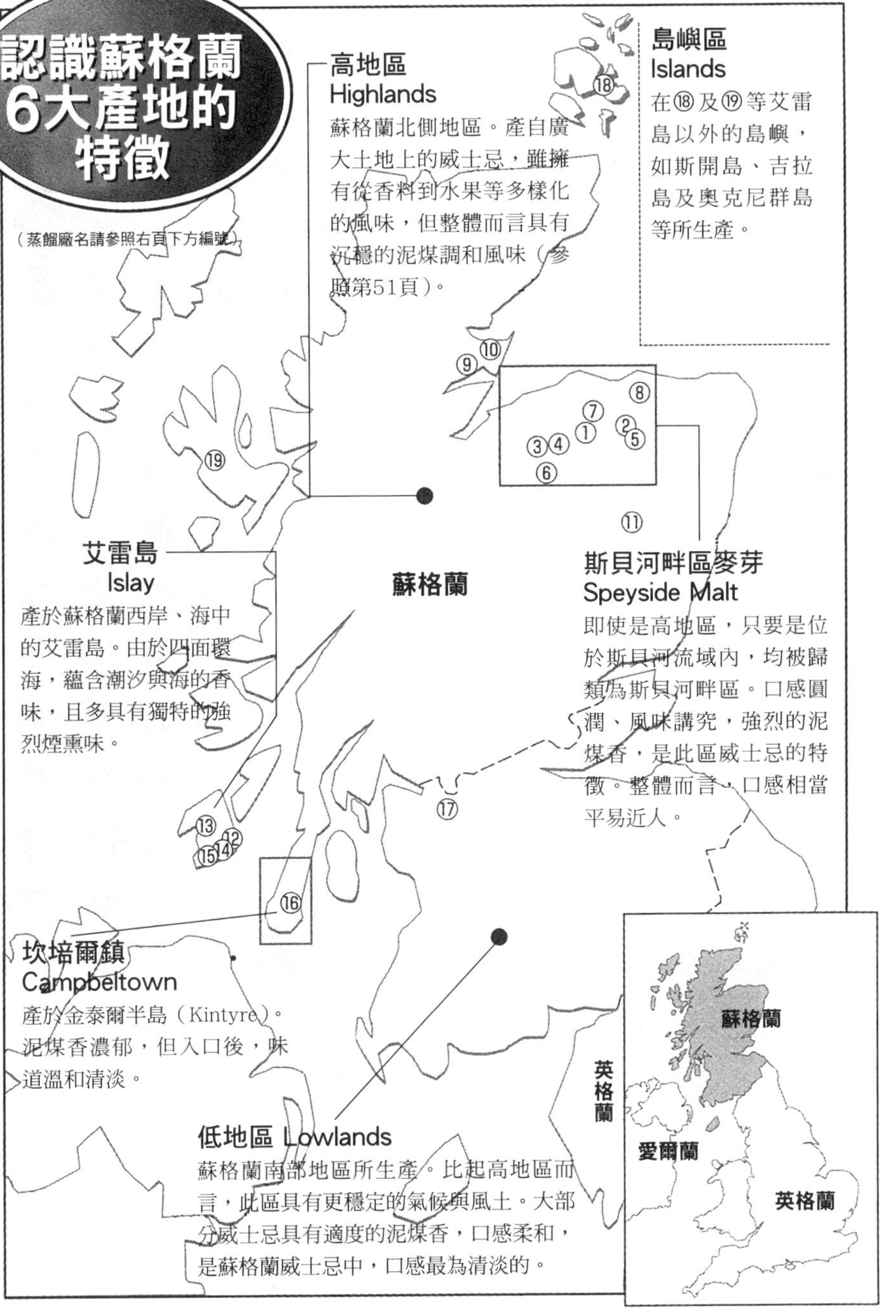

高地區
Highlands
蘇格蘭北側地區。產自廣大土地上的威士忌，雖擁有從香料到水果等多樣化的風味，但整體而言具有沉穩的泥煤調和風味（參照第51頁）。
島嶼區
Islands
在⑱及⑲等艾雷島以外的島嶼，如斯開島、吉拉島及奧克尼群島等所生產。
⑱
⑩
⑨
⑧
⑦
②
①
③④
⑤
⑥
⑲
⑪
艾雷島
Islay
產於蘇格蘭西岸、海中的艾雷島。由於四面環海，蘊含潮汐與海的香味，且多具有獨特的強烈煙熏味。
蘇格蘭
斯貝河畔區麥芽
Speyside Malt
即使是高地區，只要是位於斯貝河流域內，均被歸類為斯貝河畔區。口感圓潤、風味講究，強烈的泥煤香，是此區威士忌的特徵。整體而言，口感相當平易近人。
⑰
⑬
⑫
⑮⑭
⑯
坎培爾鎮
Campbeltown
產於金泰爾半島（Kintyre）。泥煤香濃郁，但入口後，味道溫和清淡。
英格蘭
低地區 Lowlands
蘇格蘭南部地區所生產。比起高地區而言，此區具有更穩定的氣候與風土。大部分威士忌具有適度的泥煤香，口感柔和，是蘇格蘭威士忌中，口感最為清淡的。
蘇格蘭
愛爾蘭
英格蘭

亞伯樂 Aberlour

好酒就是要純飲

亞伯樂曾數度榮獲「國際葡萄酒與烈酒大賽」的金牌大獎，是斯貝河畔區麥芽威士忌中的極品，遠近馳名。

酒杯一接近口鼻，芳醇如蘭姆酒般的香氣馬上撲鼻而來。淡淡的甜味、輕柔的口感，最適合用來消磨夜晚悠閒的時光。想要品嘗滑順的口感，最好的飲用方式就是純飲，因為酒就是要原味，不摻任何冰或水，才好喝。

生產這支名品威士忌的釀造廠——亞伯樂格蘭利威（Aberlour Glenlivet）蒸餾廠，位於斯貝河畔區的中心位置。沿著勞爾河（Lour）建造，是棟維多利亞式的美麗建築物。創立於一八二六年，但官方標籤等上所記載的年代，則是火災後重建的年份一八七九年，這也就是亞伯樂格蘭利威（Aberlour Glenlivet）蒸餾廠，有兩個創業年份說法的原因。

一九七四年，它被法國公司收購，增加了一些現代設備。此廠只使用蘇格蘭產的大麥，並使用軟木塞作為木桶的栓子，據說這樣可將一些污穢物，很快地蒸發掉。就是這樣的真誠和用心，才造就了濃醇芳香的威士忌。

今夜，就喝這杯吧！

亞伯樂10年

「Aberlour」

亞伯樂10年（43%）

亞伯樂的標準款，富含斯貝河畔特色的甘美和華麗口感，曾獲得「國際葡萄酒與烈酒大賽」金牌獎榮譽。

亞伯樂15年（40%）

香味、風味皆屬上等。

亞伯樂1976（43%）

於1976年蒸餾的年份限定款。

純飲，原汁原味

Q：

師傅！點酒時，經常聽到「我要straight」！指的是什麼意思呢？

A：不加水等摻雜物，直接飲用。

這是不加入水或冰等任何摻雜物，直接品嚐威士忌原味的一種飲法。這是為了能好好享受個性鮮明單一麥芽威士忌的樂趣，最佳的飲用方法。

想享受香味？
若想讓香味更飄散，可加入少許的水。

「Neat」又是什麼意思？
在英國，有人用Neat而不用straight，兩者的意思相同。

「straight」酒精濃度較高？
是的，因為沒有摻入其他東西，所以酒精濃度較高，若是覺得太濃了，可以加點水。

Q：那麼！單份（Single）、雙倍（Double）又是什麼意思呢？

A：表示要倒進多少的威士忌，也就是表示威士忌的量。

單份 Single…30ml。
也有使用一指（one finger）、一注（one shot）的說法，因為度量單位的不同，會有微妙的差異。

雙倍 Double …60ml
單一雙倍的量。

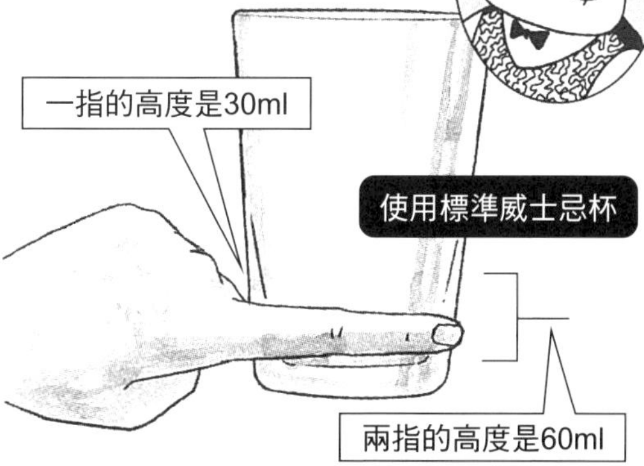
一指的高度是30ml
使用標準威士忌杯
兩指的高度是60ml

百富 The Balvenie

美麗的琥珀色與醒目時髦的酒標

百富威士忌（The Balvenie），結合嫩草般的水亮光澤，與美妙濃郁的個性。閃耀著金黃色光芒，著實令人著迷。

不論是10或12年百富，它完美諧調的風味，均深受喜愛。可以預期的是，以單一木桶進行熟成、裝瓶的「百富15年單一麥芽威士忌（The Balvenie Single Barrel. aged 15 years）」，也將愈受好評。這支酒蒸餾和裝瓶的日期、瓶裝號碼等標示，都用手工方式逐瓶寫在瓶身標籤上，簡單卻給人清新的感受。

生產這支麥芽威士忌的百富蒸餾廠，誕生於一八九二年，由當時釀造世界第一銷售量的格蘭菲迪（Glenfiddich，參照第30頁）的第二蒸餾廠所生產，因此，百富可說是格蘭菲迪的兄弟酒。

同一塊土地上緊鄰的兩間蒸餾廠，若是相同水源、相同產地，孕育出的兄弟酒，風味應該很相近吧！但答案卻出乎人意料之外，這對兄弟，似乎很主張自己的主體性，很重視自我特色的突顯。

「The Balvenie」

百富10年（40%vol）

百富12年（40%vol）
以兩種酒桶（先波本酒桶，後雪莉酒桶）熟成。

百富15年單一麥芽（50%vol）

百富21年（40%vol）

百富25年威士忌（46%vol）

＊木製酒桶的說明請參照第43頁。

百富15年單一麥芽威士忌

用酒標認識威士忌的故事

酒標是威士忌的履歷表

貼於瓶身的標籤，不單只是用來裝飾而已。標籤，就像綜合了所有威士忌資料的履歷表。內容包含威士忌的姓名、年齡、出生地、容量及酒精濃度等資訊。

品牌名稱
釀造者為威士忌所取的名。單一麥芽威士忌大部分直接以蒸餾廠名來命名。

熟成年數
蒸餾後，在木製酒桶內進行熟成的年數。這支酒的熟成年數為10年。有時也會記載蒸餾年份及裝瓶年份。

容量

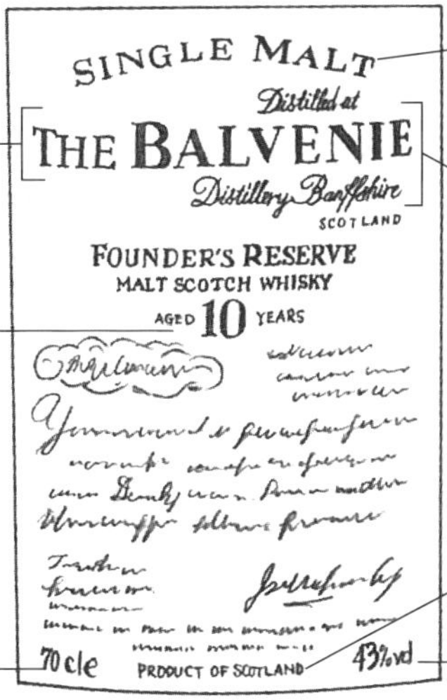

SINGLE MALT
Distilled at
THE BALVENIE
Distillery Banffshire
SCOTLAND
FOUNDER'S RESERVE
MALT SCOTCH WHISKY
AGED 10 YEARS
70cle
PRODUCT OF SCOTLAND
43%vol

單一麥芽
Single Malt

蒸餾廠名
品牌名稱與蒸餾廠名相同時，有時會將兩者合一標示。

蘇格蘭產

酒精濃度

百富威士忌產於格蘭菲迪的第二蒸餾廠，使用的釀造水與原料，都和格蘭菲迪相同呢！
要不要喝喝看，比較一下？

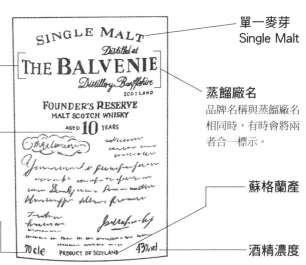

克拉格摩爾 Cragganmore

斯貝河畔區威士忌的代表

克拉格摩爾，巧妙地將多樣化的風味，與清淡可口的口感融合在一起，呈現出一種完美和諧的美感，簡直可以媲美莫札特的交響樂。這般輕柔的口感，對於不擅長喝威士忌的人來說，也很容易能夠接受。

傾注全般熱情、勾勒出這種口感的人，正是克拉格摩爾蒸餾廠的創始人——John Smith。擔任過各地著名蒸餾廠的經理，公認是名偉大威士忌工匠的他，以「打造理想蒸餾廠」為畢生職志，不斷在各地尋覓一塊最適合的土地。皇天不負苦心人，最後終於讓他覓著了現在的Ballindalloch這塊土地。

在這裡，除了交通運輸方便外。最重要的一點，就是此處擁有號稱「名水中的名水」的天然湧泉。用這名泉釀造出的克拉格摩爾威士忌，是UDV（United Distillers & Vintners）公司所屬蒸餾廠嚴選出的「經典麥芽威士忌系列」（請參照左頁）之一，可作為斯貝河畔區的代表性麥芽威士忌。

今夜，就喝這杯吧！
CRAGGANMORE
12

「Cragganmore」

克拉格摩爾12年 （40%vol）

為蘇格蘭調和式威士忌老帕爾（Old Parr）的原酒之一。

散發如蜂蜜般的香甜氣味。

六大經典蘇格蘭威士忌系列

Q：若要探究蘇格蘭威士忌，該從哪一瓶喝起呢？真是太傷腦筋了，拜託你教教我吧！

A：試著以地區別來品嘗，是個不錯的方法喔！

從最能展現蘇格蘭各地區特徵的威士忌開始品嘗起，就能夠了解蘇格蘭威士忌的多樣性，也能輕易找到自己最喜歡的風味！

不妨從蘇格蘭威士忌業界的龍頭老大UDV公司所擁有的蒸餾廠中，按照地區別嚴選出的六大經典麥芽威士忌系列（Classic Malt Series），開始一一試著品嘗吧！

經典麥芽威士忌系列

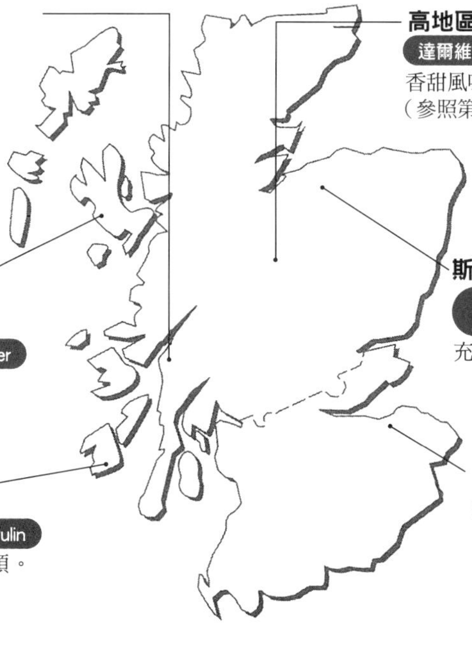

西高地地區

歐班威士忌 Oban

傳統諧調的風味。

（參照第45頁）

高地區

達爾維尼威士忌 Dalwhinnie

香甜風味，口感平順。

（參照第45頁）

斯貝河畔區

克拉格摩爾威士忌 Cragganmore

充滿香氣的優雅風味。

島嶼區

大力斯可威士忌 Talisker

強烈的香料味。

（參照第60頁）

艾雷島

拉加維林威士忌 Lagavulin

煙熏風味，口感滑順。

（參照第50頁）

低地區

格蘭金奇威士忌 Glenkinchie

輕柔口感平易近人。

（參照第57頁）

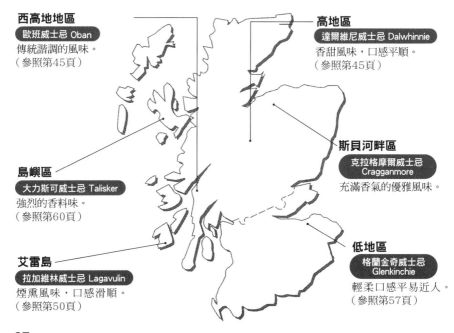

格蘭花格 Glenfarclas

斯貝河畔區人氣排行前三名

有「鐵娘子」封號的英國前首相柴契爾夫人（Thatcher），據說相當喜歡格蘭花格麥芽威士忌，特別是酒精濃度高達60％的格蘭花格105（Glenfarclas 105）。難道……這就是鐵娘子封號的由來嗎？

格蘭花格擁有清爽的水果風味，即使加水稀釋，還是具有濃郁的威士忌酒香。飯後愜意地喝一杯，感覺悠閒自在。

這支麥芽威士忌，採用源於班凌斯山（Benrinnes）融雪水的泉質優良軟水作為釀造水，並以鍋爐直接加熱。接著，用斯貝河畔區最大的蒸餾器來進行蒸餾，最後再放入雪莉桶中（雪莉酒陳年用的酒桶）存放。依照上述程序所生產出的麥芽威士忌，經常入圍斯貝河畔區威士忌人氣排行榜前三名，是極具代表性的威士忌極品。

格蘭花格在蘇格蘭的方言蓋爾語（Gaelic）中，有「綠色草原中的溪谷」之意。蒸餾廠是在一八三六年，創建於斯貝河畔旁的草原上，是少數到目前為止，仍由創始人家族後代經營的蒸餾廠。

蘇格蘭的主要蒸餾廠

格蘭花格 Glenfarclas

高原騎士 Highland Park

斯特拉塞斯拉 Strathisla

波摩 Bowmore

格蘭洛斯 Glenrothes

酒精濃度高、濃厚味道的威士忌，與葡萄酒等的差別在於，它很適合作為餐後酒飲用。如左所列的麥芽威士忌，擁有濃郁的威士忌酒香，可轉換用餐後的氣氛，是最適合悠閒品嘗的美酒。

格蘭花格12年威士忌

「Glenfarclas」

格蘭花格10年（40%vol）

格蘭花格12年（43%vol）

格蘭花格 105（60%vol）

105表示酒精濃度的強度（proof）。經過換算，105 proof等於60%酒精濃度。

格蘭花格15年（46%vol）

格蘭花格17年（43%vol）

格蘭花格21年（43%vol）

格蘭花格25年（43%vol）

格蘭花格30年（43%vol）

一般來說，酒精濃度多介於40～43%。

從熟成桶中取出後，直接裝瓶者，稱為Cask Strength。由於未經過加水稀釋，因此酒精濃度高，風味也較濃厚。

格蘭菲迪 Glenfiddich

單一麥芽的先驅，世界銷售第一

格蘭菲迪是最著名的威士忌品牌之一。口感較一般威士忌溫和，因此深受眾人喜愛，榮登單一麥芽威士忌世界銷售第一的冠軍寶座。即使是對於威士忌不甚了解的人，大部分也都見過它獨特的三角型酒瓶設計。

這個形狀的酒瓶，雖然當初曾被視為威士忌業界的一個笑柄，但更好笑的是，這支一直作為調和用威士忌的格蘭菲迪，竟然在一九六〇年時，成為業界先驅，以單一麥芽威士忌的名稱，開始進行銷售。

當時市面上幾乎全部都是調和式威士忌，個性強烈的單一麥芽威士忌，基本上是不可能被世人所接受的，因此，又再度遭到更激烈的嘲笑。但就在業界冷眼旁觀、一片看壞之下，格蘭菲迪卻殺出重圍，銷售一路長紅。單一麥芽威士忌也就是從此時開始，才逐漸吸引了世人的目光。

現在，格蘭菲迪也成了單一麥芽威士忌的代名詞。如果你還沒喝過，無論如何，這輩子至少也要品嘗過一次！

蘇格蘭單一麥芽威士忌銷售TOP 5

世界排名

格蘭菲迪 Glenfiddich

格蘭格蘭特 Glen Grant

格蘭利威 The Glenlivet

家豪 Cardhu

麥卡倫 The Macallan

高地區與斯貝河畔區平易近人的麥芽威士忌，均名列榜上前幾名。

「Single Malt Scotch Whisky Worldwide 2002」
Inpact Databank IMPACT
M.Shanken Communications,Inc

蒸餾廠的所在地，必須具備清涼湧泉、豐富大麥、高品質泥煤，及合宜氣候等條件，才是釀造威士忌的「理想之鄉」。
William Grant & Sons Ltd
THE GLENFIDDICH DISTILLERY

PURE SINGLE MALT
Glenfiddich
12

今夜，就喝這杯吧！

格蘭菲迪12年威士忌

「Glenfiddich」

格蘭菲迪12年（40%vol）

單一麥芽威士忌的世界銷售冠軍。該品牌只有這支的酒瓶是綠色的。

格蘭菲迪15年（40%vol）

運用雪莉酒的熟成法「Solera system」製成，口感濃厚。

格蘭菲迪18年（40%vol）

使用Oloroso雪莉酒桶與橡木桶陳年，風味豐富。

格蘭菲迪30年（40%vol）

該品牌的最高級品。經過長時間熟成，口感特別滑順。

格蘭利威 The Glenlivet

蘇格蘭威士忌之父，口感濃烈刺激

格蘭利威（The Glenlivet）是罕見使用硬水釀造的威士忌（通常使用軟水），濃烈刺激的口感，卻具備水果與花香般的氣味。

蘇格蘭威士忌的歷史中，也有過一段私釀的時期。十八世紀初期，蘇格蘭被英格蘭統一之後，威士忌隨即被課以重稅，因此蘇格蘭的人民，有很長的一段時間，都躲在深山的溪谷中秘密釀造威士忌。後來，英格蘭政府對於私釀漸有所聞，因而在一八二三年公佈「威士忌緩稅政策」，使威士忌的私釀時代宣告結束。

翌年，格蘭利威蒸餾廠，成為第一間向政府申請執照的蒸餾廠，也因此成為密造酒界同業指責的背叛者。但這支麥芽威士忌卻相當超人氣，還陸續出現同樣名稱的冒名威士忌，最後因而訴諸法律。

從此之後，Glenlivet的名稱前面，就特別再加上了「The」來表示：這才是真正道道地地的格蘭利威威士忌。

今夜，就喝這杯吧！

「The Glenlivet」

格蘭利威12年（40%vol）

格蘭利威12年（以French Oak Finich）（40%vol）

經過熟成後，陳放於法國利穆桑省（Limousin）所產的橡木桶中。

格蘭利威18年（43%vol）

香味完美調和。

格蘭利威12年威士忌

蘇格蘭威士忌曾為私釀酒

歷史上，蘇格蘭威士忌是誕生於何時呢？

十五世紀時就開始釀造了，對吧，師傅？

無色的蘇格蘭威士忌

是的！在1494年蘇格蘭財政部的紀錄中，有「生命之水」的記載，這是蘇格蘭威士忌第一次出現在文獻記載上。當時，並沒有熟成的步驟，因此，所釀造出的是一種蒸餾完成階段，無色透明的烈酒。

從密造酒年代到政府公認

隨著蘇格蘭威士忌的超人氣，課稅的比率也變得越來越高。因此躲在深山中秘密釀酒、不繳稅金的人，也有增加的趨勢。
到了1823年，終於重新修訂了酒稅法，隔年政府公認的蒸餾廠也誕生，登記公認第1號的，就是格蘭利威蒸餾廠。

密造的新發現

木桶內熟成	發現了威士忌陳放於木桶內熟成，會產生變化。
自然環境	證明了清涼的水質與山中氣候等條件，最適合用來釀造威士忌。

調和式威士忌的誕生～世界級的蘇格蘭威士忌

十九世紀時，誕生了調和式威士忌。當時歐洲正遭遇蟲害蔓延，葡萄樹全部滅亡。因此以葡萄釀成的葡萄酒和白蘭地，產量都相當稀少。人們便開始喝蘇格蘭威士忌來取代，也造就了蘇格蘭威士忌逐漸廣泛的飲用風氣。

麥卡倫 The Macallan

單一麥芽中的勞斯萊斯，口感醇熟絕贊

「該從哪支單一麥芽威士忌下手才好？」對於有這種困惑的入門者而言，許多人第一個會向他們推薦的，一定是麥卡倫。因為在Harrods百貨所出版的《威士忌讀本》中，麥卡倫被給予「單一麥芽中的勞斯萊斯」的絕高評價。含一口在嘴裡，不需多作解釋，自然就能體會。從舌尖感受酒的滑順，微妙地散發雪莉酒的芳醇香味，真是令人心曠神怡的口感。

麥卡倫在早先的威士忌業界中，有著「最頂級調味品」的封號，是調和式威士忌不可缺少的麥芽威士忌，作為單一麥芽威士忌，當然也廣受好評。即便是現在，在其生產地仍穩居人氣第一名。在世界銷售排行榜上，麥卡倫位居前五名，在威士忌業界也擁有崇高的地位。

這種究極和諧的風味，是選用了最高級的大麥，加上雪莉酒桶的香味，並以斯貝河畔區最小的蒸餾器，直接以瓦斯加熱等講究的生產程序所製成。順便一提，現在許多蒸餾廠都會使用雪莉桶，最早就是源自於麥卡倫。

新酒 v.s. 老酒，各有千秋！

能品嘗各種不同品牌的威士忌當然很好，但如果遇到像麥卡倫威士忌一樣，擁有許多不同年份的威士忌，特別針對年份來進行品嘗和比較，也一定充滿樂趣吧！

愈是陳年的酒，價格就越高，但未必就一定就比較美味喔！新酒有年輕人的活力與朝氣，陳年老酒，經過歲月的磨鍊，會更加沉穩。就和人類一樣，無法說明哪一個絕對比較好。但據說許多的蘇格蘭威士忌，熟成年在十至二十年間，是最美味的時刻。

今夜，就喝這杯吧！

The MACALLAN
Anniversary Malt
1824
43%Vol
75cl

麥卡倫25年威士忌

「The Macallan」

麥卡倫蒸餾者精選威士忌（40%vol）
The Macallan Distiller's Choice

「麥卡倫中的貴公子」，主要銷售到日本。

麥卡倫10年（40%vol）

麥卡倫12年（43%vol）

麥卡倫15年（43%vol）

麥卡倫18年（43%vol）

麥卡倫精選18年（40%vol）
The Macallan Gran Reserva 18 years old

同樣都是十八年，但使用了該年份最佳雪莉桶陳年、裝瓶而成。色澤濃郁，口感醇厚。

麥卡倫25年（43%vol）

麥卡倫30年（43%vol）

麥卡倫50年（43%vol）

對我來說，麥卡倫威士忌，是在特殊紀念日喝的酒。
敬親愛的母親。乾杯！

斯特拉塞斯拉 Strathisla

以「妖精之泉」釀造?令人驚艷的風味!

含一口斯特拉塞斯拉在口中，複雜交錯的味道滑過舌間，之後停留在口中、散發出的是成熟果實般的香氣。滑順且濃厚的味道與香味，最適合於用餐後輕鬆愜意的時刻享用。喝慣了調和式威士忌的人，這風味大概會讓你聯想到起瓦士（Chivas Regal），因為起瓦士所使用的原酒，最主要的就是斯特拉塞斯拉。

用來調和起瓦士的原酒，年份都在十二年以上，其蒸餾廠也僅出產十二年以上的威士忌。斯特拉塞斯拉蒸餾廠（創業時名為密爾頓Milton），就是延續這種講究的傳統而設，它創於一七八六年，誕生在過去因亞麻布產業而興盛繁榮的城鎮Keith，是斯貝河畔區最古老的蒸餾廠。

斯特拉塞斯拉酒廠的釀造水，汲取自布拉姆之丘（Broomhill）的池塘。傳說到了夜間，池塘中的精靈將會現身，讓接近池塘的人溺死，據說，這就是斯特拉塞斯拉所隱含的獨特風味之由來。雖然是種黑色幽默的神話，但回想起這支威士忌的夢幻風味，確實會有這般的領會。

「Strathisla」

斯特拉塞斯拉12年（43%vol）

若是獨立裝瓶商的酒瓶，也可能會出現其他熟成年數。

關於獨立裝瓶，請參照第62頁。

今夜，就喝這杯吧！
STRATHISLA
STRATHISLA
12

釀造水掌握美味關鍵

Q：師傅，什麼是釀造水呢？

A：原料之一，各個製酒程序中所使用的水。

浸泡麥芽（參照第161頁）、糖化，及發酵等威士忌釀造程序中所使用的水，幾乎所有的釀造廠皆使用礦泉水。每個蒸餾廠，水的成分與硬度都不同，水的顏色，也不是只有無色透明的而已，還具有各種不同的顏色，例如水流經泥炭層，將形成淡茶色渾濁的水。這將反映在威士忌上，釀造出不同個性的威士忌。

泉水使用的主要時機

浸泡麥芽
麥類發芽時，浸泡吸水。

糖化・發酵
發酵時，加入大量的水。

（加水）
使用於裝瓶前，酒精濃度的調整。

釀造水

軟　水

鈣等礦物成分含量較少的水，稱為軟水。據說可以釀造出溫和且輕快威士忌的軟水，最適合作為釀造水。

使用軟水的主要品牌

克拉格摩爾 Cragganmore（參照第26頁）
格蘭菲迪 Glenfiddich（參照第30頁）
麥卡倫 The Macallan（參照第34頁）等多數

硬　水

礦物質成份豐富的水質，稱為硬水。雖然一般而言，軟水較適合用來作為釀造水，但相反地，也有採用硬水所擁有的個性，來釀造出明顯濃烈刺激的風味。

使用硬水的主要品牌

格蘭利威 The Glenlivet（參照第32頁）
格蘭傑 Glenmorangie（參照第42頁）
高原騎士 Highland Park（參照第58頁）

其他斯貝河畔區麥芽威士忌

濃郁芳香魅力四射

斯貝河畔區中，約聚集了五十間的蒸餾廠，激烈競爭之下，就造就了一系列的單一麥芽威士忌極品。

整體來說，雅緻且多樣豐富的香味，無法抑制的濃郁香醇等特色，為斯貝河畔區，單一麥芽威士忌的特徵，若以大方向來區分的話，到目前為止，所介紹的威士忌中，可以分成兩種典型，一種是像麥卡倫與格蘭花格般力道強勁的典型；另一種則如格蘭利威般美味可口。

美味可口典型中的「格蘭格蘭特（Glen Grant）」，不僅堪稱單一麥芽威士忌世界銷售第二名，其爽快刺激的口感，也是其他威士忌望塵莫及的。同樣典型的「落坎多（Knockando）」，在多樣化的麥芽威士忌中，以其輕柔的口感，獨具魅力。

其他，如作為餐前酒的「斯佩波恩威士忌（Speyburn）」，在最後熟成階段，移至白葡萄酒的橡木桶中陳放，而加入水果風味的「格蘭莫雷（Glen Moray）」等，被讚美為擁有各種不同特徵的「生動威士忌」。若是要品嘗比較單一麥芽威士忌的話，從斯貝河畔區開始品嘗起，一定能充分地感受到麥芽威士忌百花撩亂的樂趣吧！

藉由品飲了解差異

品嘗比較，享受味道差異的樂趣。

當你擁有數種單一麥芽威士忌，想要暢飲個幾杯時，仔細探索其中的味道差異，必定會充滿樂趣。
這樣的品嘗稱為tasting。根據威士忌的色澤、香味與口感，依照自己的感覺來鑑賞即可。
最好使用透明、且杯子的邊緣內側彎曲，如葡萄酒酒杯般的鬱金香型酒杯。嘗試過原汁原味的純酒後，若再加入少許的水，就會了解到什麼叫「花開四處飄香」。

色澤

以白色為背景，觀看色澤的差異。
（關於色澤，請參照第75頁）。

香味

記住一開始所聞到的第一印象，接著，靠近鼻子仔細聞。加入水變化後的香味，以及飲用後，殘留於酒杯內的香味。

確認重點

注意聞看看，有無花朵、水果、堅果、蜂蜜、穀物、潮汐等香味。

味道

含在口中，感受在舌頭上滾動般的味道；慢慢飲用，品嘗威士忌流經喉嚨後所留下的餘韻。

確認重點

含在口中時

沒有滑溜滑溜等的感覺嗎？口感（流暢、清爽等）如何？

碰觸舌頭時

感受是否具有甜味、熱度、刺激及濃厚感。

飲用後

溫和無刺激感或圓潤，舌間是否感覺乾澀，味道可停留於舌頭多久時間等感受。

大摩爾 Dalmore

當濃醇威士忌遇上哈瓦那雪茄

散發著淡淡甘甜水果香，又帶有濃醇香味，隱約還能嗅到煙熏風味的大摩爾，總是特別令人想要在飯後的休息時光中，來上一杯。濃厚香醇的麥芽威士忌，是最適合與雪茄搭配享用的。也正因為如此，大摩爾，曾經推出以12年與21年兩款威士忌，和雪茄組合成的套裝禮盒來銷售。

更令威士忌迷們垂涎三尺的，則是陳放五十年以上的大摩爾威士忌。它於一九二〇～三〇年代間蒸餾，謹慎地以黑色陶器裝瓶，是極稀少又珍貴的威士忌。若能在享用哈瓦那雪茄的同時，飲用大摩爾威士忌，必定會是人生的一大享受吧！

同時，在每瓶大摩爾的標籤上、靠近瓶肩的地方，都繪有一隻頗具氣勢、頭上帶角的雄鹿圖案。因為大摩爾蒸餾廠位在玫瑰郡（ross-shire）Alness鎮郊外一處可以俯瞰整個克羅默蒂海灣（Cromarty Firth）美景的地方，昔日此地就以獵鹿著名，據說，這正是瓶身雄鹿圖案的由來。

威士忌與雪茄的香氣琴瑟合鳴。

享用雪茄的基本方法

飯後喝杯威士忌，同時再點支雪茄，真是人生中最享受的一刻。

雪茄該怎麼抽呢？首先，必須使用吸口專用的剪刀，摘去雪茄頭。接著，使用雪茄專用打火機點燃（煤油味會影響雪茄的味道，因此煤油打火機是絕對禁止的）。輕輕吸一口，讓口裡充滿雪茄的味道，但不要像抽香菸一樣直接吸入肺部，而是吸到嘴內、再慢慢吐出，細細品嘗嘴中的香味。不抽時，就放在煙灰缸中，火會自然熄滅，不用強制把它摁熄。

由於雪茄的味道濃厚，切記一定要先確認是可以吸菸的場所喔！

「Dalmore」

大摩爾12年 （43%vol）

大摩爾雪茄麥芽威士忌
The Dalmore Cigar Malt Whiskey （43%vol）

大摩爾21年 （43%vol）

大摩爾12年

搭配雪茄的威士忌

你也能找到與雪茄絕配的威士忌

除大摩爾雪茄威士忌外，尚有其他適合搭配雪茄飲用的威士忌。尤其是煙熏味較強烈、濃醇的蘇格蘭威士忌，跟雪茄更是好搭檔，不妨嘗試看看！

密造的新發現

享受濃郁的風味

大摩爾雪茄麥芽威士忌 ＋ Montecristo雪茄（哈瓦那人氣品牌）

威士忌與雪茄勢均力敵

雅柏威士忌（參照第46頁） ＋ Cohiba雪茄（1968年所生產的哈瓦那雪茄）

享受洗鍊口感

大力斯可威士忌（參照第60頁） ＋ Romeo y Julieta雪茄（1875年開始販賣，深受前英國首相邱吉爾喜愛的古巴雪茄）

適合女性，迷人且味道清淡的組合

麥卡倫威士忌（參照第34頁） ＋ Davidoff雪茄（雪茄的代名詞，清淡口感，適合推薦給雪茄入門者）

格蘭傑 Glenmorangie

芬芳果香深受女性喜愛

不管談到哪支威士忌，都給人一種「男人專屬」的印象。但即使是如此，也還是有可以推薦給女性的威士忌入門者的喔！那就是——格蘭傑。迷人的淡金色酒瓶，本身就充滿魅力，喝過之後，更加令人愛不釋口。富有如花香般甜美、非凡的香味，纖細的感覺如同音符在舌頭上輕快地跳躍。

但這並不表示，這支威士忌對於男性而言，就不富挑戰性喔。因為不管怎麼說，格蘭傑可也是在蘇格蘭境內，最受大眾喜愛的麥芽威士忌之一呢！由於均不供作調和用，因此出品的全是單一麥芽威士忌，可以稱為高地區麥芽威士忌「代表中的代表」吧。

花果般的香味，來自於熟成所使用的波本橡木桶，即是將酒液陳放於使用過的波本橡木桶中熟成。採購美國肯塔基州的橡木原木桶，先使用於波本威士忌的熟成，之後再用於麥芽威士忌的熟成。如此講究的熟成方式，就成了廣受世界喜愛的麥芽威士忌，美味的原動力。

今夜，就喝這杯吧！

「Glenmorangie」

格蘭傑10年、18年、25年（各43%vol）

格蘭傑波特桶威士忌
Glenmorangie Port Wood Finish（43%vol）

格蘭傑雪莉桶威士忌
Glenmorangie Sherry Wood Finish（43%vol）

格蘭傑馬德拉桶威士忌
Glenmorangie Madeira Wood Finish（43%vol）

格蘭傑布根地桶威士忌
Glenmorangine Burgundy Wood Finish（43%vol）

「～Wood Finish」，表示熟成後期更換使用的橡木桶種類。

格蘭傑10年

不同熟成桶 風味不同

熟成桶讓風味更有趣！

熟成桶的材料為橡木，有各式各樣的種類及大小，也有全新的橡木桶，和二手橡木桶（蘇格蘭威士忌，通常不使用全新的橡木桶）兩種形式。橡木桶的種類，將造就熟成後的風味。若能了解其種類，在某種程度上，就可以想像出風味的特徵。此外，也有依照品牌名，在「某某Wood」名稱前面，用橡木桶種類命名的威士忌。

常見的橡木桶種類

雪莉桶

陳放過雪莉酒的橡木桶。感染了雪莉酒的香氣與顏色，帶有淡淡的甜味與紅色。

波本桶

陳放過波本威士忌的橡木桶。內側一定有焦褐色的痕跡，產生優質的原木香與濃厚風味。

重覆裝填桶

重覆使用於威士忌熟成，由於其他酒種的影響漸弱，通常不特別提及原本是波本或雪莉桶。

橡木桶的大小

barrel	最大口徑約65公分	長約86公分	容量約180公升
hogshead	最大口徑約72公分	長約82公分	容量約230公升
puncheon	最大口徑約96公分	長約107公分	容量約480公升
Sherry Butt	最大口徑約89公分	長約128公分	容量約480公升

原來，也有馬德拉酒、波特酒的橡木桶啊！

波特酒是葡萄酒中加入白蘭地，所製造出的葡萄牙高酒精濃度葡萄酒。

皇家藍勛 Royal Lochnagar

維多利亞女王喜愛的風味

這款威士忌，散發著令人感覺爽快的香味，屬於兼具香料和濃醇風味的威士忌。特別令人想在飯後的悠閒時光中，喝上一杯。

「Lochnagar」，源自於迪河（River Dee）沿岸一座山的名字，在蓋爾語（Gaelic）的語源中，有「裸露出岩床的湖泊」的意思。而湖泊的名稱，也就直接被用來為這座山命名了。

傳聞英國詩人拜倫曾在年幼時住過這地方。一八四五年時，此處設立了一間蒸餾廠，三年後，鄰近蒸餾廠的巴爾莫勒爾堡（Balmoral Castle），被當時的維多利亞女王買下，作為她的夏宮。當時，蒸餾廠的創辦者John Begg，寄了封邀請函給他的鄰居——維多利亞女王，詢問她「是否有榮幸邀請您來參觀我們這座蒸餾廠呢？」結果皇室一家果真前來參觀，還在參觀後不久，頒發了女王御用蒸餾廠的特許狀給John Begg。此後，在藍勛威士忌的名字前，就冠上了皇家（Royal），成為女王喜愛的威士忌。

據說女王伉儷相當喜愛飲用這支威士忌，有時甚至會在極頂級的波爾多紅酒中，滴入些許皇家藍勛飲用。到底這會是什麼樣的味道呢？有興趣的人不妨試試看。

今夜，就喝這杯吧！

「Royal Lochnagar」

皇家藍勛特選威士忌（43%vol）

皇家藍勛特選威士忌，一瓶要價上萬台幣，若是十二年的皇家藍勛就便宜多了，可以輕鬆入手！
ROYAL LOCHNAGAR
SCOTCH WHISKY

認識高地威士忌，再來一杯吧！
OBAN

「Oban」

歐班14年 （43%vol）

可以開懷暢飲，乾杯也不會喝醉的威士忌

歐班威士忌，是在眾多沉穩風味的高地區威士忌中，與艾雷島威士忌味道相似，具煙熏香特徵的酒。是即使沒有相當熱鬧的氣氛，乾杯也不會喝醉的傳統風味麥芽威士忌。其蒸餾廠就位在有天然良港、西部的高地區上。

認識高地威士忌，再來一杯吧！
Dalwhinnie
15

「Dalwhinnie」

達爾維尼15年 （43%vol）

具有太陽般溫暖的風味

具有大麥的甜味，喝起來感覺輕快，是一支散發如斯貝河畔區威士忌般香味的高地區威士忌。

Dalwhinnie有集會場所的意思。它的蒸餾廠，就建造於斯貝河上游、商業道路的中繼點上。此蒸餾廠後來還成了氣象觀測站呢。

「Glenturret」

格蘭陶蘭特12年 （40%vol）

散發出美味的麥芽香

散發出美味香氣的清淡風味，是由蘇格蘭高地區最小的蒸餾廠所釀造生產。

雅柏 Ardbeg

強烈的煙熏香味

如果在事先沒有先做功課，不知道半點關於雅柏威士忌的常識時就喝下它，大部分的人都會被剛入口的味道嚇一大跳！濃厚的煙熏味在口中瀰漫，且不斷朝你的舌頭侵襲。甚至，會有種「潮水般」的味道，有人還會覺得這根本是消毒藥水。就好像第一次喝可口可樂時一樣，常被形容為「一種奇妙的藥水味」！

這強烈的煙熏味，可說是艾雷島麥芽威士忌的一大特色，特別是雅柏，強烈主張其傳統風味，屬於古典的麥芽威士忌。

對喝慣溫和的調合式威士忌的人來說，一開始可能會有「拒喝」的反應。但若繼續飲用的話，就可能會覺得，其他的威士忌都不夠勁，反而願意忠心臣服於這風味中。

但雅柏威士忌的生產規模很小，且由於它是調和成百齡罈威士忌（Ballantine's）不可或缺的原酒，因此，作為單一麥芽威士忌來出品的數量，可說是少之又少。原廠出貨的數量，一年約僅有兩百箱，因此可以買到的機會相當渺小，真是威士忌迷們的一大遺憾呀！

因為強烈的個性，而被視為珍寶！

調和式威士忌中，總是少不了的艾雷島風味

迎合眾人口味所生產的調和式威士忌。雖然大部分並沒有不受歡迎的味道，但卻有許多的調和式威士忌，採用艾雷島的麥芽威士忌作為原酒。廣為人知的調和式威士忌──百齡罈，就少不了雅柏威士忌。同時，順風（Cutty Sark）與白馬牌（White Horse），也都有使用艾雷島威士忌調和而成。

艾雷島威士忌的潮水香，昇華成甘甜的風味，其獨特的氣味也賦予了調和式威士忌更濃郁華麗的香味。艾雷島的特色，和諧地融入在調和式威士忌當中，扮演著使威士忌更香醇濃厚的重要角色。

雅柏17年

「Ardbeg」

雅柏10年（46%vol）

雅柏17年（40%vol）

雅柏1977（46%vol）

雅伯貴族島25年（46%vol）

Lord of the Isles，為「島嶼的領主」之意。調和1974年與1975年的原酒。

雅柏1974（55.6%vol）

最頂級的雅柏威士忌。酒精濃度也較高。

波摩 Bowmore

艾雷島威士忌入門酒

即使同樣都是艾雷島威士忌，島上北部地區的口感較清淡，南部的則較為濃厚，不知是否因為波摩位於島的中心位置之緣故？口感竟然介於二者之間。

波摩威士忌在裝瓶時，保持著絕妙的平衡，減輕了艾雷島特有的煙熏味，而以水果及花等多樣香味，交織出和諧的風味。這樣複雜且芳醇的風味，相當適合用來認識艾雷島威士忌。由於是艾雷島威士忌中，最平易近人的一支酒，不妨就用來作為入門，先品嘗看看吧！

Bowmore有「巨大礁岩」的意思。酒廠創業於一七九九年，是艾雷島最古老的蒸餾廠，有如浮出海面的要塞般，長久屹立不搖。它也是少數在廠內仍以地板發麥芽的蒸餾廠之一，現在屬於日本三得利公司所有。

此外，波摩蒸餾廠相當有趣的一點，是利用廠中蒸餾器用後而同溫的冷卻水，設立溫水游泳池，給當地民眾使用。釀造威士忌是島上的主要產業，島上生活重心的蒸餾廠，便理所當然地成為島民們休閒遊憩的場所了。

遵循傳統製法

仍然自行使用地板發麥芽的代表品牌

雲頂 Springbank
高原騎士 Highland Park
拉弗格 Laphroaig
波摩 Bowmore
百富 Balvenie

Floor malting，指的是威士忌原料中的大麥麥芽，在浸泡過水後，鋪在水泥板上，使其發芽的工程。為了確保麥芽品質不會參差不齊，每隔一段固定時間，就用鐵鏟將麥芽翻面，是件相當麻煩且耗時的工作。

由於無法大量生產，因此，許多蒸餾廠，皆直接向其專門發麥芽的業者購買，但還是有許多講究傳統製法的蒸餾廠（如左示）。

波摩12年

「Bowmore」

波摩單一麥芽精選威士忌
Bowmore single select（40%vol）

波摩12年（40%vol）

波摩木桶桶裝濃度威士忌
Bowmore cask strength（53%vol）

歷經14年以上的熟成，直接從橡木桶中汲取出的原酒，力道強勁、口感濃厚。

波摩達克斯威士忌
Bowmore Darkest（43%vol）

陳放於波本酒桶中熟成後，再換置於雪莉酒桶中熟成，色澤深沉、味道濃厚。

波摩15年水手威士忌
Bowmore Mariner 15YO（43%vol）

早期僅限定於免稅店中販售，現在則可在一般菸酒專賣店中購得。

波摩17年（43%vol）

波摩21年（43%vol）

拉加維林 Lagavulin

富含和諧的煙熏味

拉加維林不只是艾雷島麥芽威士忌中的經典之作，更是麥芽威士忌之「傑作中的傑作」。滑順的口感，散發著如雪莉酒般淡淡的甜香，風味雖被形容為優雅，但卻又有別於淑女般的優雅，而是一種充滿男性力量的美感。

這股力量帶著強烈的煙熏味，同時也具備艾雷島麥芽威士忌獨特的海潮，和濃郁的泥煤味。至於接受程度因人而異，有些人可能無法接受，但它令人印象深刻的風味，卻早已深深擄獲許多人的心。

在拉加維林蒸餾廠的入口處，佇立著一座白馬造型的大型看板。這是為什麼呢？原來拉加維林威士忌正是廣為大眾所熟悉的調和式威士忌「白馬牌（White Horse）」的主要原酒。在飲用白馬牌威士忌時，不妨嘗試從中尋找拉加維林的風味，也是飲用的樂趣之一！

此外，過去市場上的銷售主力，均以拉加維林12年為主，但現在的市場主流則是16年。從更高境界的滑順口感中，更能感受到蒸餾廠的講究與用心！

今夜，就喝這杯吧！

「　Lagavulin　」

拉加維林16年（43%vol）

＊參照第27頁

這可是UDV公司大力推薦的「經典麥芽威士忌」系列之一喔。

LAGAVULIN
16

泥煤是艾雷島威士忌的個性所在

Q：

我們經常聽到「泥煤香」（peat），或者「泥煤般的」（peaty）等名詞，但，究竟什麼是「泥煤」呢？

A：泥煤，是擁有特殊香味的泥炭。

談到威士忌，就不可能不談泥煤。它是一種由可生長於寒帶地區中的石楠（heather，英格蘭地區稱heath）、苔蘚（moss），以及羊齒蕨類等植物，經過數千、甚至數萬年，所堆積而形成的泥炭。麥芽乾燥時的燃料，就是採自此泥煤層。

至今仍使用泥煤為燃料來熏烤麥芽的蒸餾廠，目的只在於賦予酒液泥煤香，而大部分的蒸餾廠，早已改用瓦斯等燃料來進行麥芽乾燥。在這個步驟中，熏烤時間的長短、時間點，以及火勢強弱等，都將賦予該支威士忌的泥煤個性。

熏烤時機和時間長短，將決定威士忌的個性

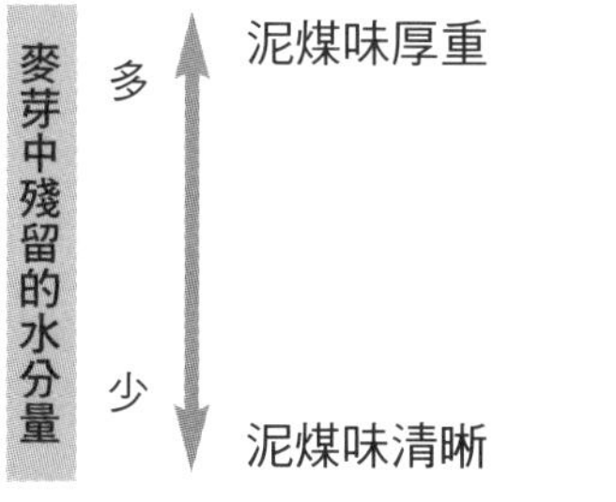

麥芽的含水率愈高，煙的吸收率也就越高，泥煤味的特色也就越厚重。

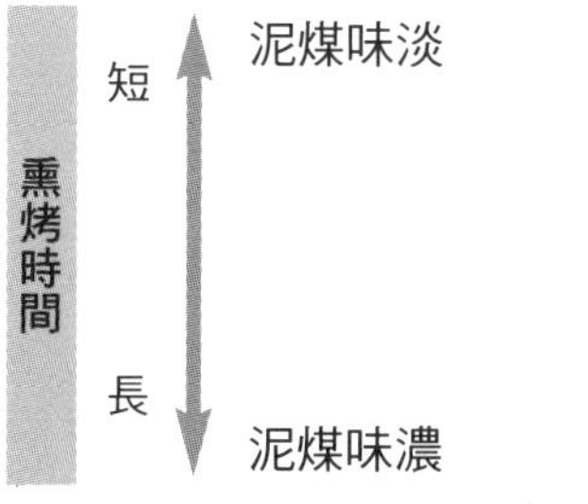

熏烤的時間越長，產生的泥煤味越濃郁。

拉弗格 Laphroaig

獨特風味深受查爾斯王子喜愛

雖然拉弗格足以作為艾雷島麥芽威士忌整體風味的代表，但喜愛與討厭這支威士忌的人，似乎也特別壁壘分明。討厭它的人，可能會覺得它的味道就像碘酒般難以入口，但喜歡它的人，卻認為它能讓人彷彿親身蒞臨艾雷島，完全沉醉於濃郁的泥煤香中，令人深深著迷、無法自拔。

對入門者來說，拉弗格確實可能難以入口，但對於品賞家而言，卻是不可忽視的頂級風味。這支威士忌，曾經在一九八八年的「國際葡萄酒及烈酒競賽」中，被評選為「最佳單一麥芽威士忌」。目前在世界各地的免稅店中，銷售也保持長紅，人氣相當高。

拉弗格的獨特風味，大概就蘊藏在從蒸餾廠地底所開採出的泥炭中吧！由於泥炭中蘊含了豐富的苔類，才會散發出聞起來像藥物般的特有味道。而陳放於波本酒桶中熟成，更加深了這支麥芽威士忌的濃醇風味。

雖然無法統計世界上有多少位拉弗格的愛好者，但查爾斯王子肯定是當中的一位。因為他曾頒發給拉弗格「皇室認証」，也是單一麥芽威士忌中，首支被查爾斯王子頒發的威士忌。

今夜，就喝這杯吧！

拉弗格10年威士忌

「Laphroaig」

拉弗格10年（43%vol）

拉弗格10年桶裝濃度威士忌
Laphroaig 10 Years Old Cask Strengh（57.3%vol）

因為是從橡木桶中直接取出的原酒，比起同是熟成十年的酒，力道顯得更為強勁。

拉弗格15年（43%vol）

拉弗格30年（43%vol）

經過雪莉桶熟成，溫和的甜味與濃郁的泥煤味，巧妙地融合在一起。

艾雷島麥芽威士忌攻略

一探艾雷島的全貌

艾雷島僅有下列八個蒸餾廠。即使同樣產自艾雷島的麥芽威士忌，也可輕易比較出「海潮風味」、「泥煤味」、「甜味」等特色的不同。不妨多喝、多比較！

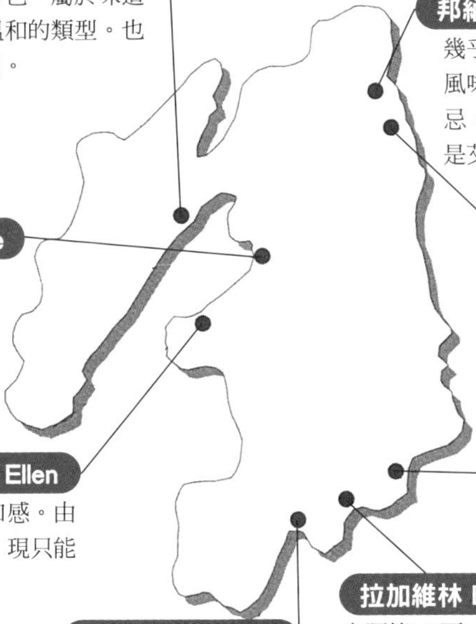

布魯莱迪 Bruichladdich

具標準的艾雷島特色，屬於味道較清淡、口感較溫和的類型。也可作為餐前酒飲用。

邦納海貝因 Bunnahabhain

幾乎未用泥煤來熏烤麥芽，是風味最清淡的艾雷島麥芽威士忌，特別受到美國人的喜愛，是艾雷島威士忌入門酒之一。

波摩 Bowmore

參照第48頁。

酷艾拉 Caol Ila

非常強烈的泥煤與碘酒味，屬於超個性派。適合推薦給愛好艾雷島麥芽威士忌，且追求更強勁風味的人。

波特艾倫 Port Ellen

辛辣且具有獨特口感。由於蒸餾廠已歇業，現只能嘗到庫存品。

雅柏 Ardbeg

參照第46頁。

拉加維林 Lagavulin

參照第50頁。

拉弗格 Laphroaig

雲頂 Springbank

甜美風味滿室飄香

雲頂充滿了濃濃的甜味香氣，打開瓶栓、倒入酒杯中，甜美的香味馬上散發開來，充滿房子的各個角落。接著喝到嘴裡，感覺有如絲綢般，滑順地延展開來，充滿羅曼蒂克的氛圍，女性也能盡情享用。

雲頂的蒸餾廠，設立於坎培爾鎮（Campbeltown），位在蘇格蘭本島西側，是金泰爾半島（Kintyre）上的一個先進城鎮。在全盛時期，此地大約有三十個蒸餾廠同時開工，但不幸地陸續關閉，目前僅剩兩間殘存於此。

蒸餾廠關門的原因，據說是因為二十世紀初期，美國曾經頒布禁酒令，但法律愈是禁止、人們愈是想喝，坎培爾鎮就位在容易輸出美國的位置，因此許多的蒸餾廠業者，為了追求眼前的利益，將大量劣質的威士忌運往美國，此舉導致了坎培爾鎮威士忌的評價惡劣，使蒸餾廠生意一落千丈，最後終究難逃關閉的命運。

這當中，雲頂蒸餾廠之所以能生存至今的原因，除了用心經營之外，就在於它從未放棄講究生產和釀造的過程。直到今日，雲頂蒸餾廠仍維持著從製麥到裝瓶皆一貫作業的程序，這就是其細心講究的最好證明！

同蒸餾廠、風格卻迥異的兩兄弟。

行家不妨一試！朗格羅（Longrow）威士忌

據說，雲頂威士忌還不能稱作完美，真正能令威士忌行家們感到百分之百滿意的威士忌，是出自同一蒸餾廠的另一品牌「朗格羅」。由於僅使用泥煤來進行麥芽乾燥，所以會產生非常複雜且濃郁的風味。飲用後，舌尖殘留著海鹽般的鹹味和煙熏風味，相當吸引威士忌行家。

朗格羅據說在男女約會場合中相當流行，甚至有「女性點雲頂，男性點朗格羅」的喝法。

「Springbank」

雲頂10年（46%vol）

大部分陳放在波本桶中進行熟成。

雲頂15年（46%vol）

大部分陳放於雪莉桶中進行熟成。

雲頂10年威士忌

歐肯特軒 Auchentoshan

三次蒸餾創造出輕柔口感

蘇格蘭南部的低地區，屬於溫暖型氣候，盛產清淡型的麥芽威士忌。其中的代表——歐肯特軒，因為擁有輕柔口感，深受眾人喜愛。如葡萄酒般的風味，不管是餐前、或用餐中飲用，都能夠兼顧料理與威士忌的雙重美味。

重複三次蒸餾，是低地區威士忌的傳統製法。蒸餾愈多次，愈能減少不必要成分的殘留，純粹度也更高。據說歐肯特軒的輕柔口感，就是因為經過反覆蒸餾，將酒精以外的成分析離，而創造出來的。

雖說這是低地區的傳統，但現今也僅剩下歐肯特軒蒸餾廠，還保留著三次蒸餾的古法了。這也意味著，蘇格蘭地區中，目前還進行三次蒸餾的威士忌，也只有歐肯特軒了。單就「碩果僅存的傳統風味」這點來說，歐肯特軒的珍貴性，也就可想而知了。

此外，關於歐肯特軒蒸餾廠創業者是愛爾蘭人的說法，至今仍尚未得到證實。只知道，目前歐肯特軒蒸餾廠，是歸日本三得利（Suntory）公司所有。

今夜，就喝這杯吧！

「Auchentoshan」

歐肯特軒10年（40%vol）

歐肯特軒三種橡木威士忌
Auchentoshan Three Wood（43%vol）

經過波本桶→Oloroso雪莉桶→Pedro Ximenez雪莉桶等三種酒桶熟成的威士忌。

歐肯特軒23年（43%vol）

清淡、溫和的風味，是低地區麥芽威士忌的典型代表。

歐肯特軒10年威士忌

再來一杯，如何？
GLENKINCHIE
10

「Glenkinchie」

格蘭金奇10年威士忌 (43%vol)

清淡型低地區威士忌代表作

屬UDV公司經典麥芽威士忌系列之一，是低地區麥芽威士忌的代表，清淡的口感，有些具香料香。此家蒸餾廠以自家栽培的大麥為原料，來釀造威士忌，並將釀造後的麥芽殘渣乾燥過後，作為家畜的飼料。是有別於其他蒸餾廠，獨一無二的經營手法。

釀完威士忌剩下來的麥芽渣，竟然還能當作飼料餵牛，肉質獲得的評價也相當高喔！

「Littlemill」

小磨坊威士忌 (40%vol)

香味特殊

特殊的香味與麥芽的甘甜口感，表現出迥異於低地區威士忌的個性。這種風味，據說是因為形狀特殊的蒸餾器所造成。該蒸餾廠創立於1772年。據說是蘇格蘭地區最古老的蒸餾廠。因為建造在高地區附近，使用的是高地區產的釀造水。

高原騎士 Highland Park

融合所有古典要素，形成多層次風味

在蘇格蘭本島周圍的零星島嶼區所生產的威士忌，稱為島嶼區麥芽威士忌。其中，在曾受北歐維京人（Vikingar）所統治的島嶼上生產的高原騎士威士忌，具有經過大自然嚴格歷練的醇熟風味。

知名威士忌評論家Michael Jackson，曾讚美它為「所有麥芽威士忌中，最圓潤且出色的餐後酒。」能獲得如此崇高的評價，也正是因為高原騎士融合了所有古典麥芽威士忌的要素，如麥芽的風味、石楠的香甜、煙熏香味、圓潤的口感，以及豐富的味道……等。將上述要素濃縮在一起，便形成了高原騎士的多層次風味。

把麥芽舖在水泥板上、促使發芽的工作，稱為Floor malting（參照第48頁）。據說就是在這過程中，使用了蒸餾廠特有的泥煤，才賦予了高原騎士獨特的個性。

高原騎士蒸餾廠，位在北緯59度、由七十多個島嶼所組成的奧克尼群島（Orkney Islands）中心的主要位置，是世界最北的蒸餾廠。

今夜，就喝這杯吧！

「Highland Park」

高原騎士12年（43%vol）

這個品牌中公認最優秀的一支。作為餐後酒飲用，相當受歡迎。

高原騎士18年（43%vol）

高原騎士25年（53.5%vol）

從橡木桶中汲取出的原酒，酒精濃度高，散發濃郁芳香。具有巧克力奶油般香甜的濃厚風味。

高原騎士12年威士忌

「Scapa」

斯卡帕威士忌 （40%vol）

散發濃濃香甜味

擁有濃厚香甜風味的強烈麥芽威士忌。如果加水稀釋，會散發出水果般的香甜風味。是百齡罈的原酒之一，過去僅作為於調和酒用，近年才作為原廠裝瓶（Official Bottle）（參照第62頁）的單一麥芽威士忌販售。

此外，Gordon&Macphail公司，是眾多獨立裝瓶業者中，第一家出品斯卡帕威士忌的廠商。

卡斯帕蒸餾廠，就位於距離高原騎士蒸餾廠約2公里遠的土地上。

大力斯可 Talisker

適合男性、性格剛烈的酒

沉痛、悲傷、感動……在心情強烈波動的夜晚，不想與他人分享，只想靜靜獨飲的時刻，令人想要品嘗的，就是像大力斯可般的威士忌。

喝一口，口中猶如著火般燃燒蔓延。這味道像是胡椒、也像鹽巴。酒商們似乎都以「如同在舌頭上爆發一般」來形容它。但當它流經喉嚨，淡淡的甜味隨即出現，更散發出濃濃的麥芽香。

純飲固然是大力斯可最佳的品嘗方式，但若在溫和的調和式威士忌中，滴入數滴大力斯可，也能瞬間提升威士忌的魅力。

如此剛烈、強勁風味的個性派麥芽威士忌，產於赫布里底群島（Hebrides）中最大的斯開島（Isle of Skye）。Skye有「羽翼形狀之島」的意思，由於清晨的島上，多瀰漫著濃濃的朝霧，也被稱作「神秘之島」。島上唯一的蒸餾廠，即為大力斯可蒸餾廠。

今夜，就喝這杯吧！
TALISKER

「Talisker」

大力斯可10年（45.8%vol）

屬於27頁所介紹的，UDV公司「經典麥芽威士忌」系列之一。

最適合沈緬於回憶飲用。

再來一杯，如何？
The Arran Malt
Single Island Malt Scotch Whisky

艾倫島威士忌

Arran

艾倫島麥芽威士忌 （43%vol）

艾倫島單一麥芽橡木桶威士忌
Arran Cask Finish Single Malt （57.6%vol）

艾倫島單一島嶼麥芽威士忌
Arran Single Island Malt Scotch Whisky
（43%vol）

散發濃濃香甜味

約一百六十年歷史，重新創立於1995年，剛剛復活的艾倫島麥芽威士忌，散發著水果般豐富的香味，具有圓潤的口感。

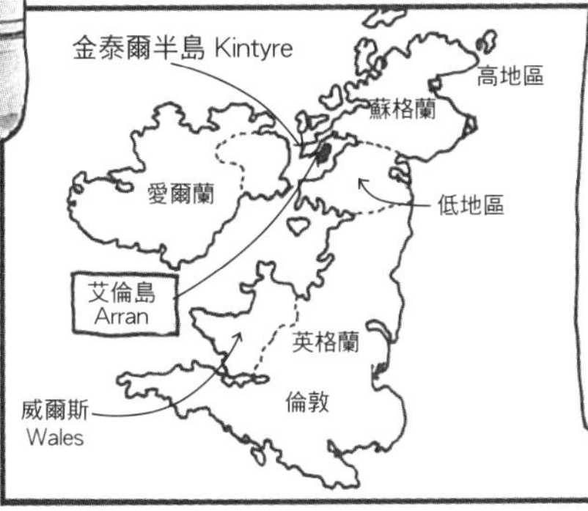

金泰爾半島 Kintyre
高地區
蘇格蘭
愛爾蘭
低地區
艾倫島
Arran
英格蘭
倫敦
威爾斯
Wales

艾倫島威士忌正如其名，是在金泰爾半島隔壁的艾倫島所生產。

再來一杯，如何？
ISLE OF
JURA
SINGLE MALT
10

Isle of Jura

吉拉島10年威士忌 （40%vol）

閃耀著金色光芒、口感清淡的威士忌

產於艾雷島東北方吉拉島的麥芽威士忌，接近高地區的豐富風味，略甜、平易近人。也適合女性飲用。

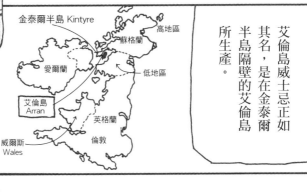

原廠裝瓶與獨立裝瓶

雖然名稱一樣，味道卻大不相同

你或許曾在酒吧或菸酒專賣店中看到過，明明是同樣酒名的單一麥芽威士忌，瓶子上的標籤卻長得不一樣。

事實上，單一麥芽威士忌確實有原廠瓶裝（Official bottle）與獨立裝瓶（Bottler's brand）兩種。原廠瓶裝是使用蒸餾廠或母公司的裝瓶設備來裝瓶，實際上擁有裝瓶設備的蒸餾廠很少，幾乎都是使用母公司的設備來裝瓶。而獨立裝瓶指的是只負責進行裝瓶、販賣的業者，這些業者向蒸餾廠購買以桶為單位的橡木桶裝麥芽威士忌，再根據自己的銷售企劃來裝瓶，用自家的品牌名稱銷售到市面上。不僅止於單純買賣桶裝威士忌，蒸餾廠還會提供客製化服務，讓獨立裝瓶商指定蒸餾與熟成的年份、酒精濃度的度數等條件。

因此，蒸餾年、熟成年數等的差異，是原廠瓶裝威士忌中所沒有的，理所當然地，獨立裝瓶與原廠瓶裝威士忌，就會存在著些許的差異，享受到多種單一麥芽威士忌的樂趣。

一小瓶裡頭，可是有雙倍濃度喔！

蘇格蘭的主要蒸餾廠

如果想嘗試各種不同的風味，就得一次購買很多瓶酒，說起來實在有那麼一點敗家……對於有這種想法的人，可以直接購買把數瓶市售威士忌直接縮小比例，成為「小瓶裝樣本酒」的套裝組合來品嘗。

它不只能單純享受威士忌的美味，作為收藏品來蒐集，也相當有樂趣喔！在威士忌發源地的蘇格蘭，據說也有限量的小瓶裝樣本酒販售，而且種類有成千上萬種呢！如果前往英國等威士忌產地，不妨到處搜尋看看喔！

獨立裝瓶商

Gordon & Macphail

1895年由高級食品材料店拓展業務，成為蘇格蘭地區第一家獨立裝瓶商的老店。

Gordon & Macphail購買剛蒸餾好的原酒，再裝進自有的雪莉酒桶熟成。據說其橡木酒桶的總數，高達一萬七千桶，庫存量排行業界第一。它販售「格蘭利威1967（The Glenlivet 1967)」、「格蘭格蘭特1936 (Glen Grant1936)」、「斯特拉塞斯拉35年（Strathisla 35 year old）」等令威士忌迷們垂涎三尺的品項。

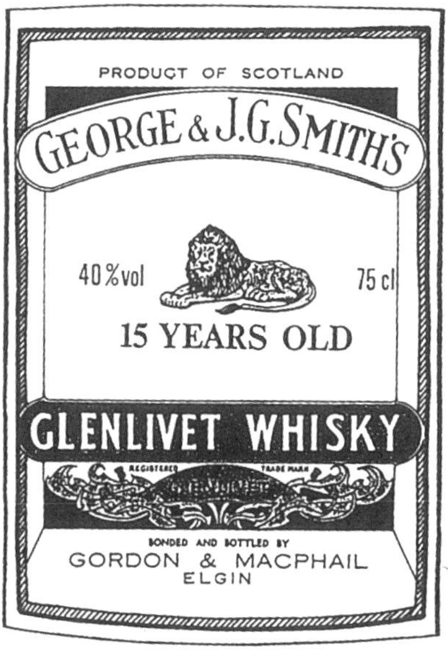
PRODUCT OF SCOTLAND
GEORGE & J.G. SMITH'S
40%vol
75cl
15 YEARS OLD
GLENLIVET WHISKY
BONDED AND BOTTLED BY
GORDON & MACPHAIL
ELGIN

Gordon & Macphail所推出的格蘭利威15年威士忌。

你看，這就是我之前說的小瓶裝樣本酒。
真的嗎？真是太…太感謝您了！
來，請盡情享用吧！

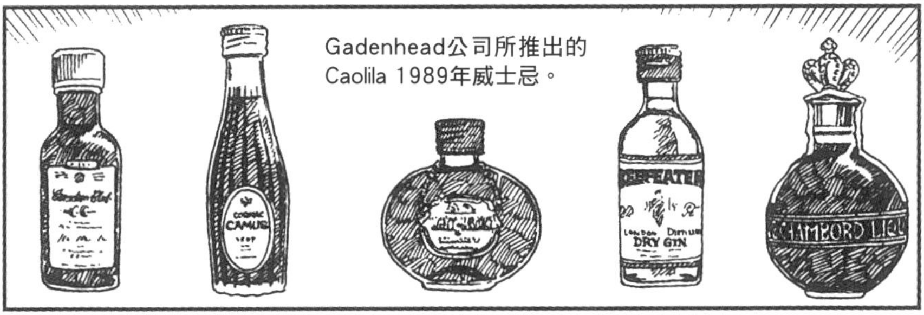
COGNAC
CAMUS
BEEFEATER
LONDON DISTILLED
DRY GIN

Gadenhead公司所推出的Caolila 1989年威士忌。

獨立裝瓶Part2

獨立裝瓶商

Gadenhead

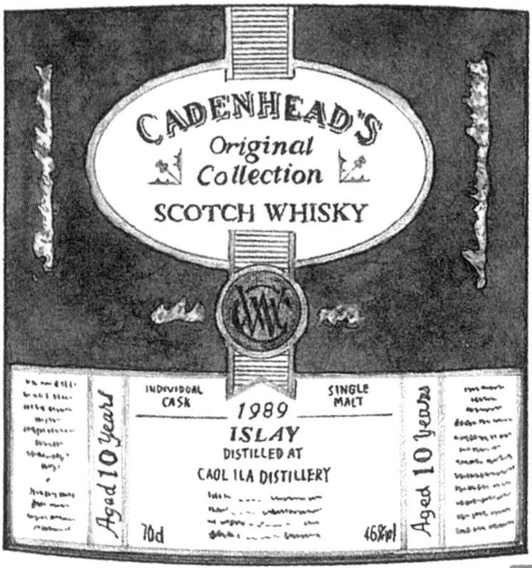

與Gordon & Macphail齊名，是獨立裝瓶業界的龍頭老大，總部設於坎培爾鎮。Gadenhead在原酒中，完全不進行加水稀釋等加工程序，而直接以酒桶內原本濃度的酒來裝瓶，「桶裝濃度（Cask Strength）」是它的主打商品。它所生產的大部分都是高酒精濃度的威士忌，對於追求強勁風味的酒迷們，必定感到相當開心吧！

值得推薦的酒款包括「格蘭利威1988（The Glenlivet 1988）」、「麥卡倫1969（The Macallan 1969）」，以及「布萊德那克16年（Bladnoch Cadenhead Bottling, 16 Year Old）」等。

Gadenhead公司所推出的Caolila 1989年威士忌。

酒標上的學問

Wilson & Morgan

獨立裝瓶Part5

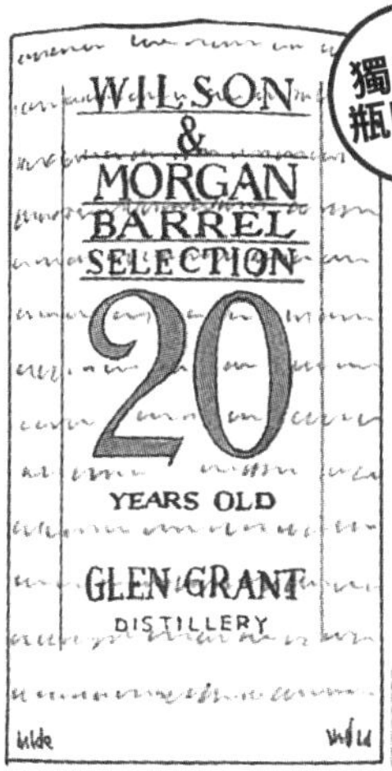

Glen Grant 20年威士忌

熟成年數一目瞭然

1992年創業於愛丁堡。擁有許多不同年份的獨立裝瓶酒，目前是業界最閃亮的一顆新星。

Signatory

獨立裝瓶Part3

波摩一九七四 Bowmore 1974

印有經過設計的S標誌

創業於1988年，是一家較新的獨立裝瓶商。由於其多樣化的產品選擇，和品質標準化的製造技術，在業界中擁有良好的聲譽。

Kingsbury's 獨立裝瓶商

獨立裝瓶Part6

斯卡帕 Scapa 16年

紀錄在名家的品飲筆記上

瓶身標籤上印有紅色字體之公司名稱與徽章，也被牢記在威士忌鑑賞家的品飲筆記中。

Moon Import

獨立裝瓶Part4

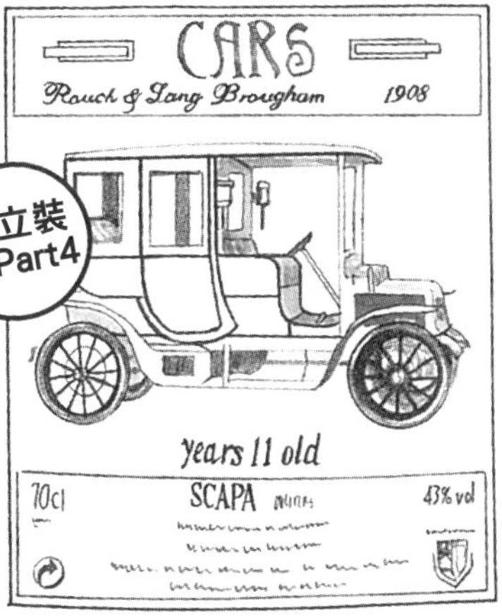

斯卡帕 Scapa 11年

藝術性十足的酒標

品質無庸置疑，以電腦設計出奇特又美麗的酒標，令收藏家們讚賞不已。

在蒸餾廠中盡忠職守的貓兒們

現在大部分的蒸餾廠，均將製麥的工作委託給專門業者。過去，在每家蒸餾廠各自製造麥芽的時代，家家都得自行保管大量的大麥原料。

當時蒸餾廠的天敵，當然就是會偷吃原料的老鼠了。為了對付這些老鼠，便紛紛在廠中飼養起貓來，因此這些貓的別名，就被稱作威士忌貓（Whisky cat or Distillery cat）。

其中，在格蘭陶蘭特蒸餾廠（Glenturret）中，有隻相當有名的威士忌貓，名叫Towser。據說牠在二十四年間，共捕獲了約兩萬八千九百九十九隻的老鼠。同時也成為金氏世界紀錄中的紀錄保持「貓」。蒸餾廠至今仍佇立著Towser的銅像，而Towser的肖像，也一直被使用於蒸餾廠所出產的酒款上。

現今，僅有相當少數的蒸餾廠（如波摩和高原騎士等），仍保留傳統、飼養著威士忌貓。

第2章

調和式・愛爾蘭威士忌

▲風味恆久超人氣▲

如藝術品般的「調和式威士忌」

香味交織的交響曲

雖然在自家獨自小酌感覺很棒，不過若是在酒吧中，一面聽著師傅和常客們高談闊論，一面啜飲著威士忌，也是相當享受的時刻。每個人都有自己的主張，在一來一往的熱烈討論之下，激發出一場又一場高潮迭起的對話。

「調和式威士忌」就是以將麥芽威士忌，與其他數十種穀類為原料的穀物威士忌，所混合產生、味道豐富的威士忌。如同交響曲般交織著各式各樣的香味，充滿魅力的調和式威士忌，可一點也不比單一麥芽威士忌遜色喔！剛入門的威士忌品飲者，就相當適合從平易近人的調和式威士忌開始飲用。

此外，決定調和式威士忌風味的關鍵就在於，使用了什麼樣的麥芽與穀物威士忌，以及其調和的比例。調和式威士忌的專家，就是調酒師（Blender），他們甚至不用實際品嘗原酒的味道，光靠香味就可以進行調和，果然相當厲害。

四種調和式威士忌

品牌之間具有差異外，調和式威士忌還根據麥芽威士忌的比例與熟成年數，區分成下列四個種類。

Deluxe

含有50％以上的麥芽威士忌。許多此類威士忌，在調和過後，還需經過15年以上的熟成。

Premium

麥芽威士忌的比例約佔40％~50％，調和後，需再經過12年以上的熟成。

Semi-premium

熟成年數10~12年，麥芽威士忌比例約佔40％左右。

Standard

熟成年數5~10年，麥芽威士忌的比例約佔30~40％。

只憑香味就能調和

善用各種特色，調和為一。

調和式威士忌，就是掌握溫和、強烈……等各種不同原酒的個性，善用其特色將數十種的原酒，調和在一起，創造出一種厚重口感的威士忌。

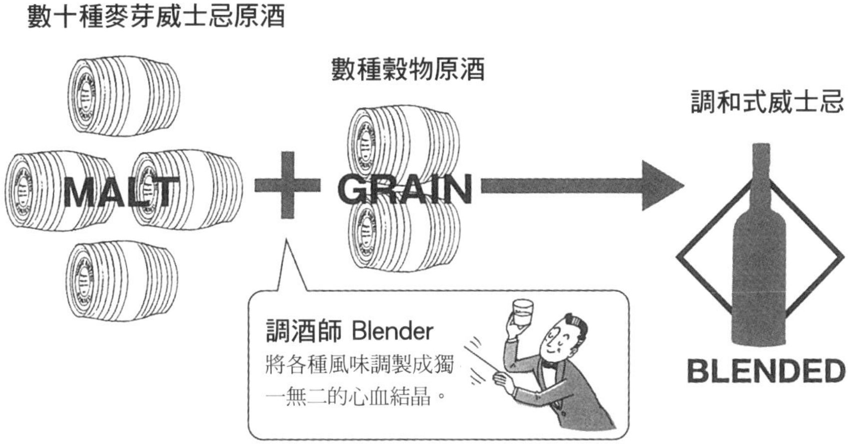

數十種麥芽威士忌原酒
MALT
數種穀物原酒
GRAIN
調和式威士忌
BLENDED
調酒師 Blender
將各種風味調製成獨一無二的心血結晶。

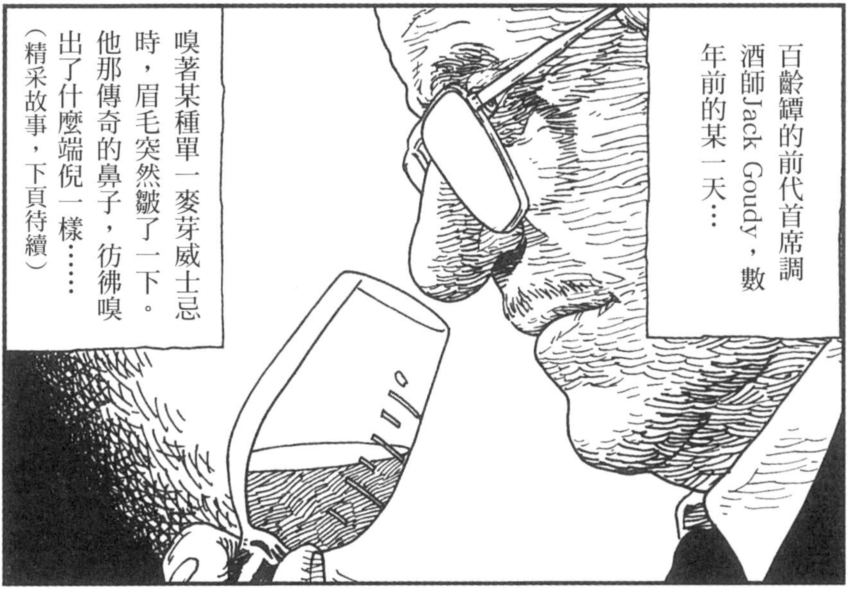

百齡罈的前代首席調酒師Jack Goudy，數年前的某一天…
嗅著某種單一麥芽威士忌時，眉毛突然皺了一下。他那傳奇的鼻子，彷彿嗅出了什麼端倪一樣……
（精采故事，下頁待續）

百齡罈 Ballantine's

數十種原酒調和出的芳醇美酒

百齡罈是許多威士忌迷們最渴望品嘗一杯的超高級品。即使到了現在，它的名聲仍然居高不下，人氣相當高。據說百齡罈也是在歐洲大陸最常喝到的三款威士忌中的其中一瓶，果然是世界風行的威士忌。

百齡罈的特徵，包含「甜的」、「水果味」、「圓潤」、「溫和」四個。能調和出如此芳醇風味的威士忌，一共使用了五十七種的麥芽威士忌，與四種的穀物威士忌。光是能將這些種類好好地平衡，調和在一起，就夠人震驚了吧！原酒中，名為鄧巴頓（Dumbarton）的穀物威士忌，正決定了它的溫和口感。其中，「百齡譚12年蘇格蘭威士忌（Ballantine's Royal Blue 12 Years）」，是由上一代的首席調酒師Jack Goudy，與現任首席調酒師Robert Hicks所共同創造的，也傳為業界佳話。

一支名為「蘇格蘭」的守衛隊
Scotch Watch！

由鵝群守護的酒倉

一邊發出「咯！咯！」的叫聲，一邊守護著廣大的陳年酒倉，這個百齡罈最著名的守衛隊，竟然是一群鵝！

利用鵝群來當警衛，始於1959年建立集中酒倉時，是當時社長Tom Scott的構想。從此之後，酒倉中就經常可見到數十隻的鵝群，守護著珍貴的熟成酒桶，防止小偷竊取。

這群可說是百齡罈「門面」的鵝群們，受到廠方百般呵護的照顧，忠心地負起守護酒桶的責任呢。

百齡罈12年

「Ballantine's」

百齡罈Finest調和式威士忌 （40%vol、43%vol）

金璽（Gold Seal）百齡罈12年 （40%vol）

百齡罈12年 （40%vol）
像是專為「水割」喝法而創造的。

百齡罈17年 （43%vol）

百齡罈30年 （43%vol）
百齡罈的登峰造極之作。

百齡罈使用的主要麥芽威士忌

雅柏 Ardbeg （參照第46頁）

拉弗格 Laphroaig （參照第52頁）

米爾頓道夫 Miltonduff
輕快且頂級的清淡麥芽威士忌。

格蘭鮑基 Glenburgie
特徵為超濃郁的甜味。

試試看調和用的主要單一麥芽威士忌的味道吧！

調和用的主要麥芽威士忌，也被稱為「關鍵麥芽威士忌」，是創造出威士忌風味的重要元素。不妨試試幾支在你所喜歡的調和威士忌裡使用的主要威士忌，並且也嘗試看看同樣使用了這種單一麥芽威士忌、所調和出的其他威士忌。

例如，創造出百齡罈濃醇口感，與些許煙熏風味的主要麥芽威士忌之一，就是雅柏威士忌。拿它與百齡罈來比較，就相當有趣呢。

起瓦士 Chivas Regal

十九世紀起即享有「皇家之酒」的美譽

天鵝絨似的滑順口感，在口中緩緩散發出芳香和濃醇風味的起瓦士，不只受到男性同胞的歡迎，也深受女性的喜愛。據說日本的吉田茂元首相，從留學英國的時代開始、到去世前，都是起瓦士的忠實顧客。它甚至被譽為蘇格蘭威士忌「聖品中的聖品」呢。

決定起瓦士風味的關鍵原酒，就是斯貝河畔區的斯特拉塞斯拉威士忌（Strathisla）。若是少了這支原酒，就無法創造出起瓦士獨特的風味，而為了確保原酒來源的穩定性，起瓦士公司便買下了整座斯特拉塞斯拉蒸餾廠。

起瓦士公司在一八七〇年代，先以創造「Glendy」而轟動一時。隨後，又進一步創造出Chivas Regal。Regal意謂著「皇家的」或是「莊嚴堂皇的」之意。這樣的命名，表現出起瓦士公司的自信與尊榮。這股自信其來有自，Chivas Regal 早在二十世紀初期就已在美國與加拿大販售，名聲早就傳遍了整個美洲大陸。這股自信與尊榮，直到現在仍代代相傳，永不停息。

起瓦士12年威士忌

「Chivas Regal」

起瓦士12年（40%vol）　起瓦士18年（40%vol）

所使用的主要麥芽威士忌

斯特拉塞斯拉 Strathisla（參照第36頁）
格蘭利威 The Glenlivet（參照第32頁）
格蘭凱斯 Glenkeith

成熟的蘋果香與清爽的餘韻。

起瓦士12年，不愧是蘇格蘭威士忌中的王子啊！
榮登優質Premium威士忌寶座，難怪銷售量是世界第一位！
擄獲眾人之心的起瓦士，也被稱之為「生命之水」。
真是太美味了！

再來一杯吧！
CHIVAS
CHIVAS BROTHERS LTD

「Royal Salute」

皇家禮炮21年 （40%vol）

完全品嘗滑順本質

皇家禮砲是與百齡罈30年齊名的超高級蘇格蘭威士忌之一。當初是為了紀念英國女王伊麗莎白二世的加冕典禮所釀造，它是以當時的王家禮炮鳴響21發作為靈感，調和經過21年熟成的原酒，所創造出來的調和式威士忌。陶瓶共有藍、綠、紅三種顏色，正是象徵女王頭頂上皇冠的珠寶呢！

順風 Cutty Sark

帆船標誌，令人懷念的麥芽香

散發著淡淡橘子香的溫和風味，與帆船經微風吹動的意象不謀而合。使用帆船的名字Cutty Sark來作品牌的命名，以及標籤上帆船的圖畫、「Cutty Sark」、「Scots Whisky」的手繪文字等，均出自於畫家James Mcvay之手。以手繪的方式在酒標上書寫文字的例子，相當罕見。

順風，是原為葡萄酒商的Berry Bros. & Rudd公司在二十世紀之後，開始釀造生產的自家品牌。在命名的午餐會上，邀請到的嘉賓正是畫家 McVay。他在餐會中突然想起，活躍於太平洋上，從中國運送茶葉到英國的著名高速帆船「順風號（Cutty Sark）」。

當時順風號雖已結束航行任務，英國卻將已經賣給葡萄牙的這艘順風號帆船買回，轟動當時，成為大家茶餘飯後的話題。每個人都驚喜的討論著：「就是那艘帆船呀！」而現在，成為世界上一百多個國家中販售的威士忌大廠牌，就是在當時誕生的。

今夜，就喝這杯吧！

「Cutty Sark」

順風威士忌（40%vol、43%vol）、順風12年（40%vol）
順風18年（43%vol）

所使用的主要麥芽威士忌

諾詩 Glenrothes 均衡諧調的風味
邦納海貝因 Bunnahabhain（參照第53頁）
特姆杜 Tamdhu 具有麥牙的甜味

順風12年威士忌

享受琥珀色之樂

Q：
師傅，雖然我們都說威士忌是琥珀色，但每種酒的顏色似乎還是有所不同？

A：透著光來看，你就能夠完全了解了。

僅有一杯可能很難以察覺到差異，但威士忌的顏色，每一杯都不太一樣喔！只要透著光看，除了顏色，還能順便觀察酒的透明感與光澤呢。

順便一提：「從顏色的深淺，可知味道的濃淡」，這樣的說法可是錯誤的喔！享受味道的同時，也觀察看看吧！
（蘇格蘭威士忌，使用不影響味道的焦糖來調整顏色。）

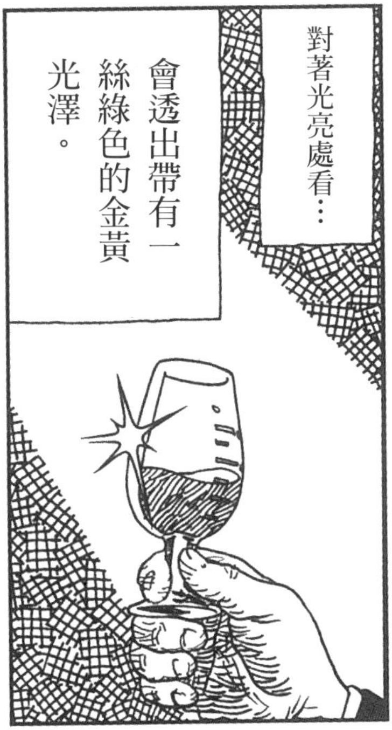

對著光亮處看⋯
會透出帶有一絲綠色的金黃光澤。

顏　色

雖然整體而言，可以琥珀色來概括全部，但還是具有紅色系、黃色系等各種不同的顏色。放置白色手帕等白色背景來觀察，就能輕易理解了。

紅褐色系
褐色系
金黃色系
淡金色系

透明感

透著光來看，就能完全體會清透明亮的琥珀色之美。比較看看光透射程度的不同吧！

光　澤

閃閃發亮的滑順印象。如絹絲、漆器般的光澤。

威雀 The Famous Grouse

名字源於蘇格蘭的「國鳥」

這支均衡諧調的濃醇蘇格蘭威士忌，在威士忌故鄉的蘇格蘭當地，可是人氣第一名！在世界上，也能擠進前十名的排行榜喔！

威雀的創業者為食品材料店第三代的Matthew Gloag。在十九世紀末，他才著手進行威士忌的開發，最後終於研發出代表自家公司的威士忌，並將之命名為「The Grouse Brand」。Grouse指的是蘇格蘭的國鳥「威雀」。當時的上流社會中，也曾流行過威雀狩獵的活動，因此這支威士忌的推出，成功引起話題。

據說後來改名為「The Famous Grouse」的原因，是Matthew發現人們都直接以「來杯那個有名的威雀！」來點酒，反而不叫它真正的名字，遂從善如流、將品牌改名為「The Famous Grouse」。

此後，令威雀威士忌變的更有名的是，「夜晚的戀人般，芳醇迷人的口感……除了來杯威雀威士忌，其餘什麼也不想要」這支廣告。多麼貼切優美的文句呀！令人無論如何都想要嘗嘗那翱翔於世界之中的風味。

減輕宿醉不快妙方「hair of the dog」

英國的民俗療法中，有種「被狂犬咬了之後，只要在傷口貼上那隻狗的毛，就能夠治癒」的說法，稱為「hair of the dog」。這樣的說法，被套用在治療宿醉時所喝的醒酒上，後來這種酒也就被稱為「hair of the dog」了。

有一種在蘇格蘭威士忌中，加入未發泡的奶油與蜂蜜，與威雀同名的調酒。營養價值高，據說擁有可消解疲勞的效果。但這種醒酒，實際上僅能減輕宿醉後的不快感，無法根本地解除宿醉症狀喔！

今夜，就喝這杯吧！

THE FAMOUS GROUSE
FINEST SCOTCH WHISKY

威雀Finest蘇格蘭威士忌

「The Famous Grouse」

威雀Finest蘇格蘭威士忌（40%vol）

在蘇格蘭地區，超人氣的調和式威士忌代表品牌。

金雀12年
The Famous Grouse Gold Reserve 12 year old Scotch Whisky（40%vol）

金色標籤，經過12年熟成的濃醇威士忌。

哦？這就是威雀呀！
THE FAMOUS GROUSE
FINEST SCOTCH WHISKY
Matthew Gloag & Son Ltd.
Perth Scotland

在倫敦的酒吧中，人們最常喝的就是這瓶威雀威士忌。

「所使用的主要麥芽威士忌

諾詩
Glenrothes （參照第74頁）

特姆杜
Tamdhu （參照第74頁）

高原騎士
Highland Park （參照第58頁）

邦納海貝因
Bunnahabhain （參照第53頁）

格蘭特 Grant's

五代相傳、守護家族風味

用斯貝河畔區的麥芽威士忌作為原酒調和而成，豐富多樣的香味，與強烈清爽的深奧風味，交織出的格蘭特威士忌，擁有相當多的死忠酒迷。

一見到格蘭特威士忌的三角形酒瓶，大概都會想起第一章所介紹的格蘭菲迪（Glenfiddich）吧！似乎可以從酒瓶雷同的形狀聯想到，兩者是同家公司所出產？格蘭特原本是生產調和威士忌，但一度因穀物威士忌短缺，陷入經營危機。之後只好開始轉型，從事單一麥芽威士忌的裝瓶，以安然度過危機。

現在，格蘭特威士忌可是英國境內銷售排行榜的前幾名喔，並且持續穩定成長。從創業到現今的第五代，格蘭特從來不躲避於大企業的保護傘下，僅靠著家族的忠心守護，創造出格蘭特威士忌的歷史。

三角型的酒瓶，每一面分別表現出火（以煤炭直接加熱）、水（優質的軟水）、土（大麥與泥煤等上天的恩惠）的意象，象徵威士忌是由這三個元素所釀造而成。據說這就是創業者威廉格蘭特（William Grant）最初的信念。

今夜，就喝這杯吧！

Grant's

格蘭特家族珍藏威士忌
Grant's Family Reserve（40%vol、43%vol）

滑順風味的基本款。至今仍保留與二十世紀初相同的風味。有40度700毫升、與43度750毫升等兩種包裝。

所使用的主要麥芽威士忌

格蘭菲迪Glenfiddich （參照第30頁）

百富 The Balvenie （參照第24頁）

三角型酒瓶表現製酒信念

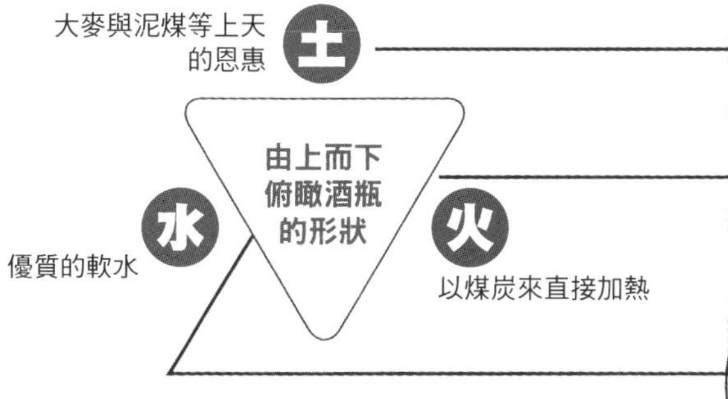
大麥與泥煤等上天的恩惠
土
由上而下俯瞰酒瓶的形狀
水
優質的軟水
火
以煤炭來直接加熱

William Grant & Sons公司的其他威士忌

Clan Macgregor（40%vol）

傳統芳醇風味

格蘭特威士忌的副牌。略帶甜味，在美國相當受到歡迎，銷售量也急速成長中。

Gordon Highlanders（40%vol）

軍團的官方威士忌

因應蘇格蘭當地著名的高登高地人軍團（Gordon Highlanders）需求，所釀造而成的威士忌，是該軍團的官方威士忌。擁有均衡諧調的風味。

珍寶 J&B

平易近人，銷售排行世界第二

口感佳，令人感受到爽快的泥煤香，調和珍寶威士忌的原酒，全來自斯貝河畔區的麥芽威士忌。由於其未經修飾的濃醇香，使它成為現今蘇格蘭調和式威士忌中，世界銷售第二的大品牌。

創業者是威士忌業界中，相當罕見的義大利人Giacomo Justerini。他為了追隨熱戀中的歌劇歌手，而來到倫敦創業，是英國首位成功的大葡萄酒商。一七六〇年，他得到國王喬治三世的認定，成為皇室御用的葡萄酒商，一直到了國王、女王八世，仍保有皇室御用酒商的身分。現今珍寶威士忌的酒標上，還列記著歷代國王的名字。這些文字，讚頌著一個義大利青年在異國成功的故事，並且，讓這個故事能夠一直流傳下去。

雖然在一八九〇年時，就已經創造出自己的品牌，但現今的珍寶威士忌，則是在進入二十世紀後，才推出的產品。由於鎖定美國市場的行銷策略奏效，從以前到現今，珍寶在美國的威士忌市場中，銷售量始終遙遙領先其他威士忌。

僅喝這瓶，就能品嘗到所有的原酒？

如果把所有種類的麥芽威士忌與穀物威士忌充分調和之後，會變成什麼樣的味道呢？相信很多人很好奇吧！就有一款威士忌可以滿足你的好奇，那就是「J&B Altima」。因為它是使用蘇格蘭現存的94所蒸餾廠，再加上已經關閉，但尚有庫存酒的34所蒸餾廠等、共計128個蒸餾廠的原酒，所調和而成的。

可惜，現在要買到這支酒，幾乎是不可能的事了。但運氣好的話，也許在很專業的酒吧中，還有些許希望能覓得其芳蹤。如果真的找到了，請無論如何都要品嘗一杯！

今夜，就喝這杯吧！
RARE
A BLEND OF THE PUREST
OLD SCOTCH WHISKIES
J&B

「J&B」

珍寶 （40%vol）

特徵是綠色的酒瓶上，貼有黃色標籤、紅色瓶蓋，以及「J&B」的商標。

所使用的主要麥芽威士忌

落坎多 Knockando

斯貝河畔區的麥芽威士忌（參照第38頁）。

蘇格登 Singleton

高酒精濃度且豐滿的味道，永垂不朽。

格蘭斯貝 Glen Spey

有清淡青草香，為Nikka的創業者修業的蘇格蘭蒸餾廠所生產。

史特斯密爾 Strathmill

具有成熟的果實香。

此為使用於珍寶威士忌的原酒——蘇格登的酒瓶。

我就把這瓶酒放在這，當你下次來，就可以喝囉。
真是太好了，謝謝啦！

約翰走路 Johnnie Walker

廣受各國市場喜愛

令人心曠神怡的煙熏香，在口中散發開來，滑順的口感，讓人忍不住多喝個幾杯。如此清淡型風味的約翰走路，以「紅牌（Red Label）」、「黑牌（Black Label）」的盛名廣為人知，在世界銷售量的排行上，也長久以來都維持在世界第一的冠軍寶座，是現今世界威士忌業界的龍頭老大。

「紅牌」和「黑牌」，可是從創業者約翰走路先生（Mr.Johnnie Walker）開始，歷經三代的時間，才成功製造的喔！第一代所構想出的「Walker's Old Highland Whisky」，以當時所罕見的四角瓶身、傾斜的標籤等頗具代表性的創意問市，到第二代才廣為全世界所知。接著，第三代創造出「約翰走路紅牌」，同時「Walker's Old Highland Whisky」也經過進化改良，並正式命名為「約翰走路黑牌」。

戴著大禮帽、英國紳士姿態的商標，也在此時正式登場。這個商標，出自當代最偉大的漫畫家Mr. Tom Brown之手，據說是Mr.Brown以創業者約翰走路先生的身影為範本，所創造出的嘔心瀝血之作。

小松還真識貨，竟然懂得點黑牌！
來！品嘗看看吧！

闊步向前行的人

商標上的英國紳士

約翰走路紅牌

「Johnnie Walker」

約翰走路紅牌 （40%vol）

約翰走路綠牌 （40%vol）

約翰走路黑牌12年 （40%vol）

使用經過12年以上熟成的原酒調和而成的經典之作。

約翰走路藍牌 （40%vol）

約翰走路金牌18年 （43%vol）

約翰走路尊豪 Johnnie Walker Swing （43%vol）

瓶身具有尊貴的沉穩感。

約翰走路1820特調威士忌 (40%vol)
Johnnie Walker 1820 Blended Scotch Whisky

所使用的主要麥芽威士忌

家豪威士忌 Cardhu

適合女性飲用的清淡型、多樣化風味，具有甜味。

大力斯可 Talisker（參照第60頁）

拉加維林 Lagavulin（參照第50頁）

奇特的創意席捲全世界

談到約翰走路，必定想到直方型的四角酒瓶。雖然現今的酒瓶種類樣式繁多，但這在當時，可是個前所未見的形狀。斜貼的標籤，更是相當前衛的設計，在並排著各種酒瓶的酒櫃上，顯得格外引人注目。另外，讓人容易記住的品牌名，與闊步向前行的紳士商標，透過不斷的廣告宣傳，令其聲名遠播。

其實，這個闊步向前行的紳士，在穿著的流行度與型式上，也配合著時代的潮流，作過一些微妙的改變喔！

老帕爾 Old Parr

嚴謹的控管就是品質保證

將老帕爾傾注於酒杯中，感受比其他威士忌更濃郁的泥煤香與濃醇風味。此刻，令人不知怎麼地，彷彿沉浸在懷舊的氣氛當中。

老帕爾是第一支引進日本的進口威士忌。據說，一八七一年（明治四年），由岩倉具視大使所率領的使節團，出發前往歐美考察，兩年後，一共帶了數箱老帕爾威士忌歸國。當時是老帕爾威士忌剛剛誕生的年代。在這個機緣之下，老帕爾威士忌在日本與東南亞各國的銷售量，就佔了其總銷售量的65％。

老帕爾指的是一位據說活到一百五十二歲的人瑞農夫湯瑪士帕爾（Mr．Thomas Parr）。詹姆士（James）與山謬爾（Samuel）兄弟的公司，以此人為典故，創造出老帕爾威士忌，並在其說明書中並寫著：「老帕爾威士忌就如同歷經過十任國王仍健在的湯瑪士先生一樣，擁有『不管時代如何變動，品質永遠不變』的保證。」

真想擁有這樣的效果！我也來喝喝看吧！

老帕爾有長壽不老、強壯精力的效果!?

在老帕爾威士忌的眾多酒迷中，不乏許多上流階級的人士、政治家等。有名的包括吉田茂、田中角榮等歷代日本首相，他們都對這支威士忌情有獨鍾。

老帕爾的命名由來──湯瑪士帕爾，據說不僅因長壽而有名，以他八十歲高齡晚婚，還能生育出小孩，並在其妻子死後，一百二十二歲時還續絃再婚，隨後再添一小孩，這樣令人難以置信、精力持久的事蹟也同樣相當著名。大政治家們喜愛飲用這支威士忌的內心深處，是否也抱持著能具有老帕爾爺爺不老、長壽與精力旺盛等能力的心情呢?

老帕爾12年

「Old Parr」

老帕爾12年（43%vol）

酒瓶背面的標籤，印有老帕爾先生的肖像畫，為巴洛克畫風代表畫家Mr. Rubens之作。

老帕爾頂級威士忌 Old Parr Superior（43%vol）

所使用的主要麥芽威士忌

克拉格摩爾 Cragganmore（參照第26頁）

格蘭杜倫 Glendullan

豐富的果實香，平易近人。

皇家御用 Royal Household

全世界僅有三地能喝得到

「皇家」，指的是「英國皇室」。酒如其名，皇家御用威士忌，正是一款高格調、口感豐富，且滑潤醇熟的威士忌。

之所以能擁有「英國皇室」這個令人景仰的品牌名，大致可追溯到一八九〇年。因為受當時以調合式威士忌著名的James Buchanan公司之託，而釀造出愛德華七世（時為王儲）所專享的調和式威士忌，後來更陸續獲得歷代國王（女王）所頒授的御用釀造證書。

真正使用「皇家御用」的品牌名，則是在二十世紀初、約克公爵環遊世界一週的航程中。他唯一攜帶的威士忌，正是這支威士忌，因此約克公爵才賜給了它「皇家御用威士忌」之名。

如此大有來頭的威士忌，全世界僅有三處喝的到喔！分別是英國的白金漢宮、蘇格蘭西部外海哈利斯島（Harris）上的Rodale Hotel裡的酒吧，以及令人意想不到的日本。由於James Buchanan公司曾與日本皇室有所交流往來，因此才特別許可日本販售。在日本，一般的酒吧，就可以喝到喔！

小松！你看！那正是皇家御用威士忌！
豐富上等的香醇，肯定相當美味！

今夜，就喝這杯吧！
The 'Royal Househd'
SCOTCH WHISKY
DISTILLED BLENDED AND BOTTLED IN SCOTLAND
DISTILLERS
GLASGOW & LONDON
PRODUCT OF SCOTLAND

皇家御用威士忌

「Royal Household」

皇家御用威士忌（43%vol）

所使用的主要威士忌

達爾維尼 Dalwhinnie（參照第45頁）

格蘭陶確爾 Glentauchers

清淡、具蜂蜜等香味。喝完後無餘味殘留，非常清爽。

徽章

伊麗莎白女王的大徽章

以盾牌為中心，在它的左右兩側，分別是獅子（英格蘭皇家的象徵）與獨角獸（蘇格蘭皇家的象徵）兩大守護護佑著它。周圍又有頭盔、帽盔、披風、英國嘉德勳章等裝飾點綴著。現在的酒瓶，則又加進了其他的符號，不妨留意看看！

左圖為獲頒皇室御用釀造證書時的酒瓶。此時酒名的標示，還得再加上個定冠詞「The」。

仔細瞧瞧徽章，就知道誰是品質擔保者！

皇室御用威士忌，等於皇室掛保證？

皇室御用的認定證，稱為皇室品質認證（Royal warrant），是英國皇室授與日常生活慣用品的品質認證。經審查合格、獲頒品質認證後，便可在製品上印上徽章。經過一次審查合格、授與徽章之後，並不代表就能永遠都具有認證的身分，有時還是會被撤銷的。購買時，最好確認一下有沒有徽章喔！

也就是說，冠上「皇家」之名的威士忌很多，但不一定都與英國皇室有關係，千萬別搞錯了喔！

白馬牌 White Horse

獨特的泥煤煙熏味

以個性強烈的艾雷島威士忌為其核心風味，白馬牌是珍貴稀有的調和式威士忌。隱含著艾雷島的獨特泥煤香及煙熏味，因此口感清柔可口、滑順潤喉。

秘訣就在於，它在調和時如同慎選結婚對象一樣，精挑細選了克萊葛拉奇（Craigellachie）等斯貝河畔的威士忌。在艾雷島獨特的風味中，還蘊含了斯貝河畔威士忌蜂蜜般的風味，在兩者之間取得了絕妙的平衡，因而創造出完美的調和式威士忌。

品牌名稱來自愛丁堡一家名為「白馬酒窖（White Horse cellar）」的酒店兼旅館。由於蘇格蘭獨立軍經常宿泊於此，因此也象徵著自由與希望。據說創業者Peter Mackie，就直接借用了這家酒店的名稱與看板，來作為自己的威士忌品牌名。

此外，現今威士忌使用的栓子幾乎都是螺旋式，但實際上，它也曾是葡萄酒用的軟木塞式。發明螺旋栓的正是白馬公司，它讓沒喝完的威士忌變得容易保存，也讓銷量立刻開出倍增的好成績來。

開瓶後六個月以內，盡快飲用完畢

威士忌裝瓶之後，酒質基本上並不容易劣化。但若因為瓶蓋品質不良等因素，就可能造成酒質劣化，所以也必須注意，若在未開栓的情況下，瓶中的酒卻有減少的跡象，酒精濃度和酒的香味，就可能隨之溢散喔。

此外，威士忌須避免日光直接照射，盡量保存在溫度變化小、且溫度不過熱或過冷的狀態下。開栓後，最佳的賞味期限為二至三個月內，但若超過此最佳賞味期限，最好也能在半年內飲用完畢。

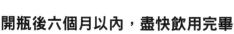

白馬牌Fine Old威士忌

「White Horse」

白馬牌Fine Old威士忌（40%vol）

圓滑且有勁道的極品。

白馬牌12年蘇格蘭威士忌（40%vol）

專為日本市場誕生的頂級蘇格蘭威士忌。經過熟成，創造出更深刻的風味。

所使用的主要威士忌

拉加維林 Lagavulin（參照第50頁）

克萊葛拉奇 Craigellachie

具有獨特且清新的風味。

格蘭埃爾金 Glen Elgin

沉穩且容易入喉。

以酒標圖案來記住威士忌

看見圖案，一目了然！

喝到美味的威士忌時，總想著下次還要再喝、打算記住品牌的名稱，但橫寫的文字，多少有點令人難記住，一但喝醉了，肯定忘個精光。因此喝到美味威士忌時，只要確認標籤的特徵，記住上頭的圖案即可。

約翰走路

帶著大禮帽的英國紳士。但現在圖的左側稍有改變。

黑白狗威士忌 Black&White

標籤上繪有白色與黑色的狗。

白馬牌威士忌

圖案如其名，有著白馬的商標。

順風威士忌 Cutty Sark

有著同名的帆船圖。

懷特・馬凱 Whyte & Mackay

二次調和使口感更甜美

一拿近盛有懷特・馬凱威士忌的酒杯，就可聞到杯中散發著淡淡的自然麥稈香。享受這令人心曠神怡香味的同時，含一口在嘴裡，口中充滿著的卻是濃濃的甘甜。

如此清淡又芳醇甜美的口感，據說全歸功於其獨特的調和製法：「二次調和（Double Marriage）」（請參照下一頁）。原酒經過兩個階段的調和，將麥芽威士忌與穀物威士忌混調成最佳狀態，調和者並投注其至高的愛，用心釀造出這般口感的威士忌。

由創業者Mr.James White及其友人Mr. Charles Mackay，共同構想出的這個調和方法，據說被後世人流傳至今從未改變。

根據創造出這支威士忌的靈魂人物──調和大師Mr. Ritchard Paterson的建議，加入少量的水、將酒精濃度調成約38度時，就是本支威士忌的最佳飲用狀態。

二次調和威士忌，若用結婚來比喻，
就是指結過二次婚之後，就變得更美味了呢！

不公平、不公平──！
師傅，我連一次婚都還沒結過啊！

認識二次調和

分兩次熟成的威士忌

「Marriage」的意思是「調和後再次放入木桶熟成一段時間」。而「Double Marriage」則是指原酒不只經過一次、而是分成兩次調和。

先將調和數十種麥芽威士忌的原酒，放置約一年使其熟成（第一次調和，First Marriage）。接著，加入穀物威士忌調和，再次進行熟成（第二次調和，Second Marriage）。

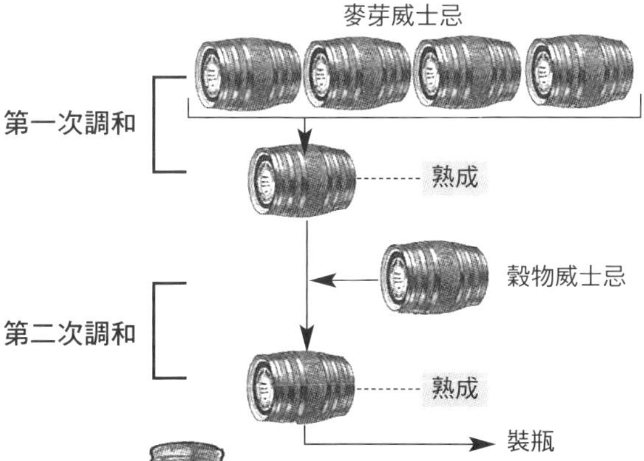

麥芽威士忌
第一次調和
熟成
穀物威士忌
第二次調和
熟成
裝瓶

今夜，就喝這杯吧！
WHYTE & MACKAY
1844
WHYTE AND MACKAY
SCOTCH WHISKY

懷特‧馬凱藍標威士忌

「Whyte & Mackay」

懷特‧馬凱藍標威士忌（40%vol、43%vol）
Whyte & Mackay Blue Label Scotch Whisky

懷特‧馬凱 Golden Blended（40%vol）

懷特‧馬凱12年（40%vol）

懷特‧馬凱15年（43%vol）

懷特‧馬凱18年（43%vol）

懷特‧馬凱21年（43%vol）

懷特‧馬凱30年（43%vol）
此品牌中的最高級品。

所使用的主要威士忌

大摩爾 Dalmore（參照第40頁）

凡特凱恩 Fettercairn 滑順口感具有堅果香味。

托明多爾 Tomintoul 清淡且平易近人。

登喜路 Dunhill

極致奢華與時髦

所謂「私有品牌」（Private Brand），指的是委託從事生產調和式威士忌的企業，依照自己喜好去釀造和生產出的威士忌。通常，這些威士忌都具有令人印象深刻的濃醇風味。

舉例來說：香菸與打火機等高級男性用品的知名品牌——Dunhill，其產品版圖也橫跨威士忌界，出了一款自家品牌的威士忌，名為「Dunhill Old Master」。由於使用了經過十二至二十年長期熟成的威士忌為基底，即使口感清淡，卻令人明顯感受到當中的泥煤香與煙熏味，屬於男人的風味，真不愧是Dunhill！

另外，日本王子飯店與William Mcfarlane公司，所合作釀造生產的「Prince Skutch」。是專為日本人的口味而設計、散發著淡淡甘甜香與滑順口感的私有品牌威士忌。其中，也有支十八年的Prince Skutch威士忌，在飯店的酒吧中，若點杯來品嘗比較看看的話，或許相當有趣喔！

其他，還有Burberry等各種不同的私有品牌威士忌。若遇見了，無論如何也要品嘗一次試試看！

「Dunhill Old Master」

Dunhill Old Master （43%vol）

今夜，就喝這杯吧！
喝過一次，就令人愛不釋手的，就是這杯Dunhill！
dunhill
OLD MASTER
Finest Scotch Whisky
43% Vol.
750ml

獨創調和威士忌

你也能調出獨一無二的風味

要在自己家裡，將數十種的威士忌調和，想也知道是不可能的事。但是，你卻可以僅拿一瓶調和式威士忌與一瓶麥芽威士忌，來調出你獨創的威士忌風味。在使用調和式威士忌的調酒中，加入麥芽威士忌，就叫做超級雞尾酒(Super highball)，酒香不住持續地散發出來──心動了嗎？挑支喜歡的威士忌來試看看吧！

超級雞尾酒

1

注入威士忌

隨你喜好，任何一瓶調和式威士忌都可以。

2

變成雞尾酒

加入蘇打水，調成雞尾酒。

3

由上方傾入麥芽威士忌

將單一麥芽威士忌，沿著調酒匙表面，緩緩注入（即使是調和式威士忌中已使用的原酒也無妨）。

其他自己調和威士忌的方法

在蒸餾廠中	到蒸餾廠試喝完各種不同的原酒後，一邊想像著調和後的理想風味，一邊體驗調和之樂。日本就有數個蒸餾廠，提供調和威士忌的體驗服務。
在自己家中	市面上售有數款不同種類的原酒組合，可以買來在家享受調和威士忌的樂趣。可以在日本的東急Hands等處購得。

濃郁芳香的愛爾蘭威士忌

遵循傳統製法，維持濃郁芳香

威士忌的起源地到底是哪裡呢？大多數人可能會回答「蘇格蘭」，但正確答案卻是「愛爾蘭」！傳說在十二世紀時，愛爾蘭居民已經開始飲用由穀物所蒸餾產生的酒。這樣的行為，據說後來便隨著移民一同傳到了蘇格蘭。

在威士忌故鄉愛爾蘭，由於也受到獨立戰爭等影響，現在僅剩下三家蒸餾廠了。但每一家蒸餾廠都保留著傳統製法，因而能繼續釀造出有別於蘇格蘭的美味威士忌。

愛爾蘭威士忌的特徵，就是要經過三次蒸餾程序。藉由蒸餾，達到平均85度的高酒精濃度，稱作「愛爾蘭純罐式蒸餾威士忌」（Irish Pure Pot Still Whisky）。雖然部分高酒精濃度的威士忌，也被直接當成商品販售，但大部分還是被用來調和穀物威士忌。一般我們所聽到的愛爾蘭威士忌，指的就是調和後的穀物威士忌。

整體說來，愛爾蘭威士忌較蘇格蘭威士忌清淡，且具有其他國家威士忌所沒有的獨特濃醇風味。不妨與同樣來自愛爾蘭的Guinness啤酒一同，好好體會一下來自威士忌故鄉的風味吧！

這三間蒸餾廠，至今仍持續精進中喔！

三座蒸餾廠，就能創造出多樣風味

曾擁有數十所蒸餾廠的愛爾蘭，如今僅剩下位於北部的布希密爾（Bushmills），南部的密爾頓（Middleton），以及庫利（Cooley）三間處蒸餾廠，仍舊營業中。

這三所蒸餾廠，不管是生產傳統愛爾蘭威士忌、還是釀造全新風味威士忌，都具有各自的個性。近年曾因被財團併購而關閉的蒸餾廠品牌，以及曾是愛爾蘭威士忌名門、一度消失的蒸餾廠，目前都已經復活，且繼續生產中。

認識愛爾蘭威士忌的類型

愛爾蘭純威士忌

原料 大麥麥芽、未發芽大麥、裸麥、小麥等。

製造方法 使用罐式蒸餾器（三次蒸餾為主流）蒸餾，經過三年以上熟成。

味道 濃濃穀物香、滑順口感。

愛爾蘭純威士忌，大部分作為原酒，用來調和威士忌。當原料僅使用大麥麥芽時，也可稱作麥芽威士忌。

穀物威士忌

愛爾蘭調和式威士忌

製造方法 愛爾蘭純罐式蒸餾威士忌調和穀物威士忌。

味道 較愛爾蘭純罐式蒸餾威士忌清淡，口感清爽。

今後，也請你陪我一起喝酒！
靜靜地坐在一起、喝一杯酒，也是種和朋友度過重要時刻，不錯的方式…

布希密爾蒸餾廠 Bushmills

世界最古老的調和式、單一麥芽威士忌蒸餾廠

由布希密爾蒸餾廠釀造出的布希密爾威士忌，口味清淡、具獨特香味，飲用後口感清爽。如此清爽的風味，或許適合在難以入眠的夏夜裡，痛快暢飲一番。

布希密爾蒸餾廠創立於一六〇八年，位於北愛爾蘭的布希密爾鎮，是世界上最古老的蒸餾廠。傳教士在啤酒和蒸餾酒的傳播上，均扮演了相當重要的角色，而早從很久以前，布希密爾鎮這塊土地，就與傳教士、聖徒派翠克等，有很深的淵緣。

順便一提，「布希密爾」的語源，具有「森林中的水車小屋」之意。如此浪漫的名稱，與此蒸餾廠所生產清新風味的威士忌，可說相當速配。

這家老字號的古老蒸餾廠，除了調和式威士忌之外，也生產一款名為「布希密爾10年」的單一麥芽威士忌。愛爾蘭威士忌原則上並不使用泥煤做為烘乾麥芽的燃料，因此風味與蘇格蘭單一麥芽威士忌不同，一點兒也沒有泥煤的味道。

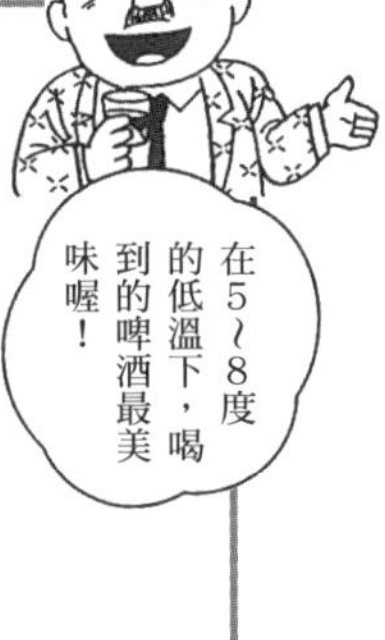
在5～8度的低溫下，喝到的啤酒最美味喔！

說到愛爾蘭，果然還是得來杯Guinness啤酒！

談到愛爾蘭，就令人想到其最著名的司陶特（Stout）黑啤酒。濃醇的風味，與奶油般細緻綿密的泡沫，真是啤酒中的一大極品。

創造出這支啤酒的人，正是1759年創業於都柏林的Mr.Arthur Guinness。當時，他將庶民所喝的酒——波特黑啤酒改良後，創造出新的Guinness啤酒，贏得大家的一致好評。現在，Guinness的司陶特啤酒，外銷到世界數百個國家。喝著愛爾蘭威士忌的同時，不妨也來杯冰涼的Guinness啤酒，交替著喝，才是極致享受的一刻呀!

（更多關於啤酒的學問和趣事，可參閱積木文化出版的《漫畫啤酒入門》）

一口啤酒 一口威士忌

嘗試與chaser交替的喝法

談到愛爾蘭，就讓人想到啤酒！在這裡，就有一種將愛爾蘭啤酒當作chaser（飲用烈酒後喝的水或啤酒），來好好享受威士忌的喝法。

通常喝了威士忌後，舌頭會產生一股灼熱感，以啤酒來減輕灼熱所帶來的不適，之後再喝一口威士忌，不斷重複這動作，就讓人忍不住一杯接一杯地享用。不過，這樣可是會容易使人醉的，一定要注意不可貪杯才行。

唔，拿威士忌與啤酒交替著喝呀？‥‥

今夜，就喝這杯吧！
1608
BUSHMILLS
MALT
10

布希密爾10年純麥威士忌

「Bushmills」

布希密爾威士忌（40%vol）

與調和數十種威士忌的蘇格蘭威士忌不同，這支僅使用同一蒸餾廠中的一種純威士忌、和一種穀物威士忌做調和。濃醇芳香，厚實溫暖。

黑色布希威士忌（40%vol）

使用80%以上麥芽威士忌的調和式威士忌。散發著雪莉酒的香味。

布希密爾10年純麥威士忌（43%vol）

放置於波本酒桶內熟成。

密爾頓蒸餾廠 Midleton

擁有世界最大的蒸餾器，生產眾多品牌威士忌

最能代表密爾頓蒸餾廠的威士忌，即為冠有蒸餾廠名的「密爾頓珍稀威士忌（Midleton Very Rare）」。隱隱約約散發出的麥芽、橡木桶、藥草及原木等多樣化的酒香，飲用時，盡可能不加水稀釋，好好地享受這純正（straight）的威士忌芳香。

這支愛爾蘭威士忌，每年皆從熟成橡木桶中，嚴選最優質的五十桶來裝瓶販售，酒標上也僅標明裝瓶的年份，因此，喜愛威士忌的酒迷們，千萬不要把這年份與蒸餾年給搞錯了喔。

密爾頓蒸餾廠，屬於併購了愛爾蘭當地所有蒸餾廠的IDG集團，是該集團的核心蒸餾廠。它擁有世界最大的罐式蒸餾器（Pot Still），且陸續釀造生產出許多不同品牌的威士忌。

舉例來說，一七八〇年所創立的老字號威士忌品牌「強森（Jameson）」，也是屬於IDG集團的一員。現今，強森威士忌，也還是交由密爾頓蒸餾廠來生產。酒瓶標籤上標記著創業年的「Jameson Irish Whiskey 1780」，是愛爾蘭威士忌中的銷售冠軍。

除此之外，如Tullamore Dew、Redbreast、Limerick等，也都是這個蒸餾廠生產釀造的喔！

今夜，就喝這杯吧！

「Midleton Very Rare」

密爾頓頂級威士忌（40%vol）

1984年起販售。密爾頓蒸餾廠招牌威士忌的1999年版。是酒標上標明著裝瓶年份的限量生產商品。富含熟成優質威士忌的濃醇香，風味纖細且順滑。

每年，它的味道都會有些許的改變，品嘗比較看看各個裝瓶年份的風味，也是相當有趣的一件事喔!

認識密爾頓威士忌，再來一杯

特拉莫爾杜威士忌

「Tullamore Dew」

特拉莫爾杜威士忌（40%vol）
特拉莫爾杜12年（40%vol）

名為「特拉莫爾之香露」

12年的這一款，有較豐富的風味。

將特拉莫爾的鎮名，加上經營者姓名的起首字母「Dew」（香露的意思），於是有了特拉莫爾杜（Tullamore Dew）的命名。自1982年創業以來，就相當受到歡迎，但在二次世界大戰後的1954年，蒸餾廠關閉歇業。現在則由密爾頓蒸餾廠繼續生產。

認識密爾頓威士忌，再來一杯

「Jameson」

強森愛爾蘭威士忌（40%vol）
強森1780（40%vol）

甘甜香氣與熱情風味

具有雪莉桶所帶來的甘甜芳醇。早期是由1780年所設立的蒸餾廠所生產，被IDG集團併購之後，現在是由密爾頓蒸餾廠來釀造。強森在1974年因調和穀物威士忌大獲好評，自此以後，就扮演著愛爾蘭威士忌「火車頭」的重要角色。

強森愛爾蘭威士忌

庫利蒸餾廠 Cooley

為因應國家政策而生的獨特製法

庫利蒸餾廠為許多品牌的威士忌做蒸餾工作，包括Connemara、Greenore、Kilbeggan、Tyrconnell、Locke's、Magilligan、Green Spot等。

其中最獨特的，大概就屬馬吉利根威士忌（Magilligan）啦！喝一口之後，一定會有種「咦？怎麼跟蘇格蘭威士忌那麼像！」的想法。現在的愛爾蘭威士忌，基本上是不會有泥煤香味的，但早期據說也曾使用過泥煤來烘烤麥芽，因此，馬吉利根威士忌就是現代版、具有泥煤香的愛爾蘭威士忌。這可是在愛爾蘭威士忌中，相當罕見的泥煤烘烤法喔！

庫利蒸餾廠創立於一九八七年，是較新式的蒸餾廠。由於此地在當時僅有布希密爾（Bushmills）與密爾頓（Midleton）兩家蒸餾廠，政府因而想要設立一間專產愛爾蘭威士忌的獨立公司。在這樣的政策背景之下，創辦人Mr. John Thring決定投入四百萬英鎊，創設一家新的蒸餾廠。

由於當時愛爾蘭威士忌在世界上的銷售佔比，還相當微不足道，這個新蒸餾廠的誕生，就被賦予了大幅增加銷量的期待。

今夜，
就喝這
杯吧！
POT
Connemara
PEATED SINGLE MALT

「Connemara」

康尼馬拉威士忌（40%vol）

僅使用大麥麥芽、泥煤烘乾後所釀出的原酒，再混入未使用泥煤烘乾麥芽所釀出的原酒，所調和出的麥芽威士忌。散發優質的泥煤香。

康尼馬拉桶裝高濃度威士忌
Connemara Cask Strength（59.6%vol）

由於是桶裝濃度酒，酒精濃度較高，因此風味更濃、更醇香。

康尼馬拉的名字，來自賦予它香味來源的泥煤產地。

庫利蒸餾廠的其他威士忌

Tyrconnell（40%vol）

五星級滑順口感

1992年，庫利蒸餾廠所生產的威士忌。取名來自古代蓋爾王朝的蒂爾康奈伯爵（Tyrconnell），淡淡的麥稈色、風味醇熟甜美。

Locke's Malt Crock Bottle Irish Whsikey（40%vol）

溫柔的香味適合女性飲用

曾經由他家蒸餾廠所生產，但進入二十世紀後，就從威士忌市場上消失了。庫利蒸餾廠讓它重新「復活」，風味輕柔。

Millars Special Reserve（40%vol）

令人愉悅的甘甜香

曾在二十世紀中期，與當時的蒸餾廠一起消失在市面上，直到1994年庫利蒸餾廠才又使其恢復生產。飲入的瞬間，酒的甘甜與麥芽香味立刻就擴散開來。

Slaintheva !!
哈
哈
哈
哈
哈
威士忌專欄

蘇格蘭威士忌搭配傳統料理，造就經典美味

〈螢之光〉的原詩作者，是蘇格蘭「國民詩人」羅伯特巴納（Robert Burns）。在他的生日一月二十五日前後，蘇格蘭人都會舉辦一場對來他們來說相當重要的慶典，名為「巴納之夜（Burns Night）」或「巴納晚宴（Burns Supper）」。這個慶典活動中所不能缺少的東西，就是哈吉士（Haggis）與蘇格蘭威士忌了。

所謂的哈吉士，是將羊的心、腎與肝等內臟剁碎後，混入洋蔥與大麥等材料，再裝入羊的胃袋內所烹煮而成的一道蘇格蘭傳統料理。在巴納之夜的晚餐會上，都會供應這道料理和蘇格蘭威士忌。但蘇格蘭威士忌，不只是拿來喝的，它還能淋在哈吉士上，使料理更加美味。

蘇格蘭人一邊享用哈吉士、一邊飲用威士忌，在朗誦伯恩斯的「讚揚哈吉士之詩」聲中，愉快度過了一年一度的伯恩斯之夜。

＊Slaintheva：蓋爾語中「祈求健康」的意思，也是敬酒時常用的語言。

第3章

美國威士忌
加拿大威士忌

◢ 從強勁到溫和，多樣口感任君選擇 ◣

男人專用的美國威士忌

拓荒精神開啟威士忌新境界

談到美國的威士忌，當然就非波本（Bourbon）莫屬了。

波本的釀造，最早起源於移居美國的蘇格蘭人及愛爾蘭人，他們在美國當地，使用隨手可得的玉米與裸麥（rye）作為原料，來進行蒸餾酒的釀造。

「Bourbon」的語源，來自於法國的波旁王朝（Bourbon Dynasty）。除了有讚揚法國於獨立戰爭時，身為美國盟友的功績典故之外，波本威士忌的原產地，即是肯塔基州的波本郡。目前百分之八十的波本威士忌，都產於肯塔基州。

不過，美國生產的威士忌，並非全部都是波本威士忌喔。波本威士忌，原料一半以上必須是玉米，若玉米超過原料的80％，並改變釀造方法的話，就可以稱為玉米威士忌了。同時，當裸麥佔超過原料的一半以上時，也可稱為純裸麥威士忌。有時也會將這些威士忌，與其他的蒸餾酒調和，形成其他調和式威士忌。

有機會，不妨品嘗看看拓荒者們為新大陸所帶來的新風味吧！

「Seagram's Seven Crown」

西格拉姆威士忌（40%vol）

屬於調和式威士忌，在美國也具超人氣。在1934年、禁酒令廢除後一年半正式上市，很快就超越其他品質較拙劣的威士忌，短短兩個月時間，就榮登了銷售第一的寶座。溫和的口感，不管直接純飲，還是加水稀釋，都一樣美味喔！

人們常以「Seven」來稱這支酒，典故來自於當初商品開發時，在試飲的十種酒中，最後採用了編號7的酒量產上市。

認識美國威士忌的種類

波本威士忌 Bourbon Whiskey

原 料 51%以上是玉米。

製造方法 在酒精濃度80度以下蒸餾，放置於酒桶內側燻焦的新橡木桶內，經過兩年熟成。

味 道 辛辣，個性豐富、味道獨特。

田納西威士忌 Tennessee Whiskey

製造方法 將剛蒸餾完成的威士忌，放進裝有糖槭裝成的活性碳的圓潤桶中圓潤後熟成。(詳細參照第127頁)

味 道 比波本威士忌更清晰的味道。

玉米威士忌 Corn Whiskey

原 料 原料80%以上都是玉米。

製造方法 蒸餾出80度以下的酒液後，放進二手橡木桶、或是酒桶內側未燻焦的新橡木桶中，再經過兩年以上熟成。

味 道 比波本威士忌更柔和的風味，有淡淡的甘甜口感。

裸麥威士忌 Rye Whiskey

原 料 原料51%以上都是裸麥。

製造方法 蒸餾出80度以下的酒液後，置於酒桶內側燒烤過之新橡木桶內，經過兩年熟成。

味 道 比起波本威士忌更加濃醇。

調和式威士忌 Blended Whiskey

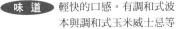

製造方法 使用20%以上的波本或玉米、裸麥等威士忌，與熟成年數較短、或其他蒸餾酒進行調和。

味 道 輕快的口感。有調和式波本與調和式玉米威士忌等形式。

布蘭登 Blanton

經典瓶蓋設計令人難忘

一碰觸到舌頭的是烈酒所帶來的刺激，隨後口中隱隱約約散發出焦糖般的甘甜味——確實是波本威士忌，屬於男人的風味。

瓶蓋是肯塔基州賽馬，瓶身充滿設計感，看過一次就畢生難忘的這支波本威士忌，其命名來自已在Ancient Age公司的蒸餾廠中工作五十五年，被稱為「肯塔基州長老」、現已成為威士忌釀造名人的Mr.Albert Blanton。

不辱長老之美名，每個細節都特別講究的布蘭登威士忌，是使用貯存四年的原酒，經過調酒大師的舌尖味蕾細細鑑賞後，再存放於上好的橡木桶中，運送到環境最好的酒窖裡，經過三到六年的二次熟成，而成為調和用的原酒。裝瓶時再從這些酒當中，嚴選出最頂級的原酒，變成現在我們所知、最濃醇芳香的「布蘭登金牌威士忌（Blanton Gold）」。

布蘭登威士忌的酒標上，手寫著出窖日期與橡木桶編號。僅寫上文字的極簡帶狀標籤，表現了這支波本威士忌的自信。

今夜，就喝這杯吧！

「Blanton」

布蘭登黑牌（40%vol）

酒精濃度低，平日就可飲用。

布蘭登威士忌（46.5%vol）

布蘭登金牌（51.5%vol）

慎選上好的橡木桶釀造的限定商品。如同從酒桶裡直接汲取，酒精濃度高、風味濃醇。

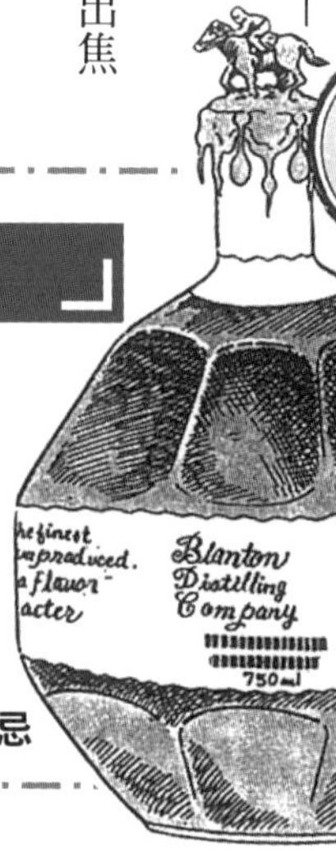

布蘭登威士忌

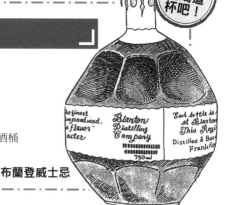

波本威士忌演進史

Q：

波本，也有像蘇格蘭威士忌一般，形成它「男人風味」的歷史嗎？

A：與美國同時誕生的酒

波本威士忌就像是一部西部男子的傳奇小說。箇中原委且聽我慢慢道來。

威士忌前進新大陸

1492年哥倫布發現新大陸之後，歐洲各國的人，紛紛開始移民美洲新大陸。蘇格蘭與愛爾蘭的移民，就帶著蒸餾器與釀造威士忌的技術，一同移往了這塊土地。

與玉米的相會

美國獨立戰爭後，政府為了經濟復甦，強行課徵威士忌酒稅。為逃避政府的課稅，而往西遷徙到肯塔基州等地的農民，發現了最適合釀造威士忌的玉米與水，便在此地落地生根了。

燻焦橡木桶是偶然的發明嗎？

賦予波本威士忌特有香味的熏焦橡木桶，是在火災的狀況下，偶然發現的方法。這個說法至今仍無法證實、且眾說紛紜。但在十八～十九世紀時，確實已經有和現在一樣的波本威士忌釀法了。

自信滿滿的傳單，逗人喜愛

布蘭登威士忌的母公司名為Ancient Age，直譯的話，就是「古代」，指的是美洲新大陸的拓荒時代。據說這個名稱，也蘊含「拓荒時代強壯男人們的酒」之意。

這家公司的波本威士忌「Ancient Age」，經常蟬連美國暢銷排行榜前幾名，帶有酸味及獨特的濃醇口感。它曾經發過一張宣傳單，上頭寫著「若有比這更美味的波本，就請你去買吧！」滿滿的自信，也成功打響知名度。

原品博士 Booker's

手寫酒標、文雅獨特

含一口近深褐色的琥珀色酒液在嘴裡，醇熟甜美的香味，馬上在口中擴散開來。酒精濃度高達63度的威士忌，照理說應該會有強烈的刺激感，但Booker's卻一點兒也沒有，反而在口中殘留圓潤純熟且完美調和的風味。

如同其手寫文字的標籤般，給人文雅的印象，原品博士是從每一個橡木桶中，直接取出酒液來裝瓶的最高級酒品，是波本威士忌業界排名第一的金賓公司（Jim Beam），所特別創造出的頂級品牌。

這支威士忌的創造者Mr.Booker Noe，是被稱為波本威士忌「中興之祖」Mr.Jacob Beam的孫子。有波本威士忌釀造達人之美稱的他，從已經過六至八年熟成的私藏橡木桶中，親自研選出已達熟成高峰的頂級威士忌，裝瓶後上市販賣。

酒精濃度高的威士忌，可能無法一口氣喝很多，但不妨在飯後悠閒地來一杯這價值不菲的威士忌，好好地品味一番吧！

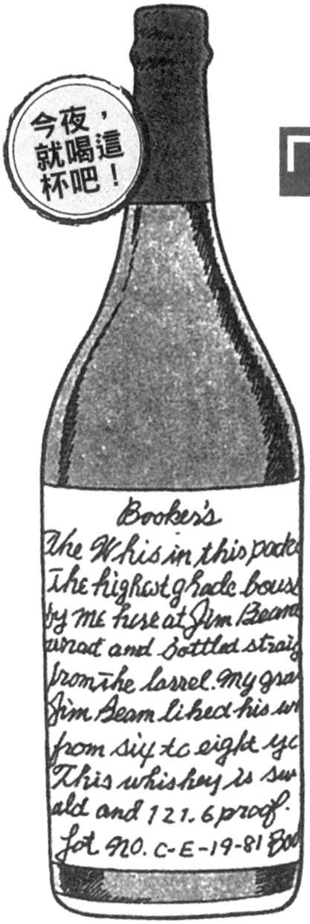
今夜，
就喝這
杯吧！
Booker's

「Booker's」

原品博士威士忌（63%vol）

為紀念創業兩百週年而生產的小批次系列，具有甜美且輕柔的香味。酒精濃度較低，可順暢飲用。

小批次波本威士忌 Small Batch Bourbon

一般的波本威士忌，都會混合數十桶的熟成原酒，但小批次系列，則僅使用十桶以下的原酒調和，在每年的熟成橡木桶中，挑選出最優質的數桶原酒，作個性配對般的調和，量少質精，也難怪小批次系列會被稱為波本威士忌的「精英部隊」。

其他小批次波本威士忌

Basil Hayden's（40%vol）

經八年熟成的清淡口感

由於原料中含有高比例的裸麥，所以裸麥香很強烈。瓶肩往前垂掛的酒標，以帶狀紙條固定，用來當作擺飾也相當雅致。

Baker's（53.5%vol）

滑順口感七年熟成

挑選數個經過七年熟成的酒桶，所調和出的威士忌。酒精濃度雖高，但口感滑順。

Knob Creek（50%vol）

九年熟成的沉穩口感

使用低溫、高溫分別燒烤、烘烤的手續，將酒桶內側熏焦成兩層棕色的橡木桶，來進行熟成，造就出沉穩的個性風味。

古早 Early Times

口味清淡甘甜，深受女性喜愛

喝了之後，不禁發出「咦？這也是波本威士忌？」的疑問，沒錯，適度的甜味與柔和的口感，絕佳的風味，正是古早威士忌的最大特徵。由於平易近人、可輕鬆飲用，因此深受女性酒迷們的喜愛，在美國威士忌的銷售排行榜上，也經常入圍前三名。

這支波本威士忌的故鄉，正是肯塔基州波本郡的古早村（Early Times）。它誕生於一八六〇年（南北戰爭前一年），由某蘇格蘭移民到此的家族所釀造，雖然已是知名品牌，但在禁酒令實施後，蒸餾廠也就關閉了。後來看上這家蒸餾廠的，是生產「老伏斯特威士忌」而小有名氣的Brown-Forman公司。現在也將它視為招牌商品來銷售。

現在的古早威士忌，使用蒸餾廠自家培育的酵母，在溫度及溼度都嚴格控管的現代化設備下生產釀造。深具古早味，正是古早威士忌獨有的風韻。

「Early Times」

古早黃牌（40%vol）

略帶紅色的琥珀色，具有波本威士忌的甘甜與濃醇，滑順又質樸的風味。

古早棕牌（40%vol）

專為日本市場而開發的產品。玉米原料所佔的比例較黃牌少，可大口暢飲。

古早黃牌威士忌

肯塔基州賽馬的著名飲品——
薄荷茱莉普調酒，
在緊張激烈的賽馬比賽中，滋潤了興奮的馬迷們的喉嚨。
好想去喔~

以波本為基底的調酒

賽馬的官方指定飲料

使用波本威士忌、砂糖及薄荷，所調製而成的「薄荷茱莉普」，據說是從南北戰爭時代就有的傳統調酒。清爽且冰涼，帶有淡淡的香味與甜味（製作方法參照第183頁）。約從十九世紀開始，就是觀看肯塔基州賽馬時，所不可缺少的飲料。使用古早威士忌所調出的薄荷茱莉普，更成為肯塔基州賽馬的官方指定飲料。

據說賽馬活動期間，共要使用六十萬噸的冰塊，換算起來，觀眾共喝掉了八萬杯的薄荷茱莉普！

關於肯塔基州賽馬

每年五月的第一個星期六在肯塔基州所舉辦的賽馬活動，是每年三冠大賽的第一場比賽，是美國全國性的例行賽事之一。每年都有來自世界各地的賽馬迷們群聚此地。

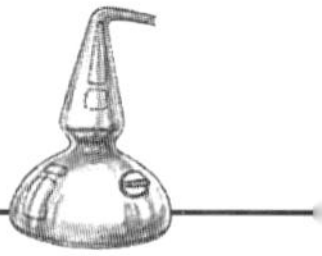

威廉斯 Evan Williams

熟成超過二十年的波本威士忌

波本特有的濃郁香味在口中擴散開來，隨之感受到餘韻中的勁道，威廉斯果真是男人專享的波本威士忌。近年來，清淡型威士忌漸漸成為市場主流，但能擁有如此為數眾多的死忠酒迷者，恐怕也僅有這支威士忌了。

Evan Williams，據說是拓荒初期肯塔基州第一位釀造波本威士忌的男人。酒瓶上所標記的「1783」，也據說就是他開始進行蒸餾的那年。現在釀造此波本威士忌的天堂丘公司（Heaven Hill），跟Mr. Evan Williams並沒有任何關係，只是借用他的名字命名而已。

天堂丘公司號稱是規模最大的波本威士忌蒸餾業者，生產熟成超過二十年以上的「威廉斯」。雖然在亞洲較為人熟知的是威廉斯，但在美國，其主要生產的「天堂丘威士忌」，也相當受到歡迎。一九八六年，天堂丘公司發表了一支新的威士忌「以利亞克瑞格威士忌（Elijah Craig）」，其命名來自另一位波本威士忌元組——以利亞克瑞格（Mr. Elijah Craig）。品嘗看看冠上兩位元祖姓名的威士忌，也相當有趣！

更快達到完美的熟成境界！

波本威士忌獨特的熟成方法

與一年四季氣候都相當涼爽的蘇格蘭相比，肯塔基州的夏天氣溫超過30度，冬天則相當寒冷、也會降雪。這樣的溫差促使熟成中的橡木桶呼吸，釀造出美味的波本威士忌。因為酒窖得以充分吸取外面的空氣，被稱為通風良好的開架（open rick）熟成方式。

即使在同一酒窖中，橡木桶因擺放的位置不同，溫差就不同，也會因此改變熟成程度。愈是容易形成高溫的上層，熟成的速度愈快；愈是下層，熟成也就愈緩慢。這也就是為什麼我們無法斷定熟成年數多長，才能釀造出最美味波本威士忌的原因了。

Evan Williams

威廉斯7年

威廉斯7年（43%vol）

黑色標籤上有白色文字。口感滑順，令人愉快。

威廉斯12年（50.5%vol）

與粉紅色相近的紅色酒標。酒精濃度高，可感受波本威士忌的強勁力道。

威廉斯單一酒桶威士忌（43.3%vol）

僅用1990年蒸餾完成的單一酒桶內的原酒裝瓶。鮮紅的琥珀色酒液，不禁令人感受到它的溫暖。

威廉斯23年（53.5%vol）

屬於波本威士忌中，長期熟成的威士忌。酒桶的香味確實反映在酒液上，喜愛品味酒香的酒迷們一定樂在其中。

牛肉乾

牛肉切薄片，以香料等材料調味後，自然乾燥的食物，愈咀嚼愈津津有味。是很久以前，為了讓狩獵回來的獵物可以保存不腐壞，所因應而生的食物處理方法。

波本威士忌搭配牛肉乾　吃著牛肉乾的同時，小口小口地啜飲波本威士忌，真是絕佳的享受呀。男人的酒，連配酒菜也要有野味！

四玫瑰 Four Roses

如無刺玫瑰般醇熟甜美的口感

酒標中央畫著四朵深紅色玫瑰，正如同這華麗的酒瓶給人的印象般，口感恰似花朵綻放於口中般醇熟甜美。香氣輕拂的風味，可以比喻作「無刺的玫瑰」。

四玫瑰的命名由來，據說是一八六五年，一位工作於喬治亞州亞特蘭大的蒸餾廠中的男子Poul Jones，向一位南方美女求婚，那位女孩回答說：「當我決定接受你的求婚時，我會在胸前別上一朵玫瑰花飾」。到了約定見面那一天，那個女孩果真在胸前別了一朵深紅色玫瑰花飾，兩人最後也真的結為夫妻了。

除了這個故事外，還有許多其他的說法。雖然無法一一證實，但是在四玫瑰公司所舉辦的宴會上，每位出席者，都必須在胸前別上一朵玫瑰花飾，如此看來，玫瑰的商標，已經變得意義重大了。

四玫瑰公司，在禁酒令的時代雖然因為得到可生產藥用酒的執照，而得以繼續營業生存，但不久後，卻被母公司在加拿大的西格拉姆公司所收購。現在，這支威士忌，則在肯塔基州Lawrenceburg市的蒸餾廠中生產釀造，並深受世界各國威士忌迷們的喜愛。

西部劇當中，
也經常出現波
本威士忌。

波本威士忌成了故事的調味料

在以亞特蘭大為舞台背景的電影《亂世佳人》中，歷經苦難挫折的女主角郝思嘉，在劇中所喝的就是波本威士忌。而在描寫僅有四天永恆之愛的《麥迪遜之橋》中，讀著母親日記時的兄妹倆所喝的，也是波本威士忌。

另外，在《捉賊記》中，有句經典台詞「波本威士忌才是酒！」在《艷陽天》中，男主角不但拒絕威尼斯住宿主人所推薦的酒，還拿出自己所帶來的波本威士忌。若說美國人真的超級喜歡波本威士忌，一點兒也不誇張。

今夜，就喝這杯吧！
Four Roses

白金四玫瑰威士忌

「Four Roses」

四玫瑰威士忌（40%vol）

黃色標籤的上等威士忌。

四玫瑰黑牌 Four Roses Black（40%vol）

黑色標籤上，浮印著鮮紅的玫瑰。具有甘甜的果實香，味道濃厚。

白金四玫瑰 Four Roses Platinum（43%vol）

紀念肯塔基州兩百週年所生產。口感極為溫和，輕柔入喉。酒瓶上的玫瑰不是紅色，而是白金色。

傳說，也是令四玫瑰受歡迎的原因之一

關於四朵玫瑰的傳說，據說是起源於一場舞會，有四個妙齡女子，胸前均別了一朵玫瑰花飾。這則浪漫的傳說，也是四玫瑰超人氣的原因之一。

今天我請客，招待大家喝這一瓶！
把所有的不愉快都拋諸腦後吧！
這瓶白金四玫瑰，一定有讓人把所有事情忘光光的魔力！
是呀！女人算什麼呢？男人呀，就是喝酒、喝酒、喝酒啦！

哈伯 I.W. Harper

甜玉米成分達八成以上，口感甘甜

含一口在嘴中，立刻感受到令人愉悅的刺激感，以及超滑順的舌尖觸感，水果香味也很快隨之在口中綻放開來。殘留淡淡的甜味，有著沉穩的餘韻。能創造出這樣的風味，全都得歸功於哈伯所含高達86％的玉米成分。玉米比率越高，就越能釀造出滑順觸感的波本威士忌。

可說是波本威士忌代名詞的這個高人氣品牌，是移民於此的德國人所創造出來的。創業者Mr.Isaac Wolf Wharper，在這個新天地轉換跑道之後，和弟弟一起經營販賣酒桶的公司，結果創業大成功，實現了他們的美國夢。品牌名中的I．W，即是取自Isaac Wolf Wharper的字首。

據說波本威士忌六年的熟成程度，是最恰當的，但是哈柏公司，在一九六一年時，也推出了十二年的威士忌，因而更打響了這個品牌的名聲，也讓其他的公司開始陸續投入長期熟成的釀造行列。「哈伯12年（I.W. Harper 12 Years Old）」，可說是長期熟成威士忌的先驅。

今夜，就喝這杯吧！

哈伯金牌

「I.W. Harper」

哈伯金牌 I.W. Harper Gold Medal（40%vol）

喉感順暢的上等威士忌。標籤上畫有五個金牌徽章，顯示這支威士忌曾榮獲數個金牌大獎的功績。

哈伯12年（43%vol）

經過十二年熟成，更添滑順口感與濃醇風味。可以輕鬆飲用、有令人懷念的味道。酒瓶四角方正，是此支威士忌的正字標記。

陶醉於輕柔口感中

原料使用80％以上的玉米，放置於舊酒桶、或未燻焦的新酒桶中所熟成的威士忌，稱作玉米威士忌。為了將玉米糖化，必要時可以加進微量的大麥麥芽。它具有沉穩的甜味，散發著玉米風味的溫和口感。

品賞玉米威士忌

代表性玉米威士忌

Platte Valley（40%vol）

溫和甜美的濃醇滋味

玉米的風味，輕柔地包圍舌尖味蕾，因為使用橡木桶熟成，具有豐富的濃醇香味。除了裝進一般玻璃酒瓶，也裝進如右所示的陶器瓶中，是十分獨特的設計。

金賓 Jim Beam

適合輕鬆享樂時光，最暢銷的波本威士忌

殘留著些許波本威士忌深刻濃、醇、香的清淡風味。由於平易近人、誰都能輕鬆飲用，使得金賓威士忌總能保持在美國最暢銷波本威士忌的地位。

金賓公司，是創立於一七九五年的老字號。創辦人Mr. Jacob Beam是從德國來的移民，當他來到肯塔基州的Bardsdown，就決定在此地開始他的威士忌事業。因為此地有水質優良的地下水、適合栽培玉米與黑麥的田地，還有可作為橡木桶材料的白橡樹林，匯集了所有釀造威士忌的必要元素，是個相當理想的環境。

創業以來約兩百年，仍由同一家族的人繼承、持續經營下去。這樣的例子，在現存的威士忌品牌中，是幾乎不存在的。一九六七年時，雖曾經轉讓給American Brands公司，但蒸餾廠部分，還是由Beam家族所持有。品牌的精髓，現在仍由Beam家族所守護。

最後順便一提：金賓共擁有五百多款的玻璃酒瓶，若能把蒐集它當作一項嗜好，應該會相當有樂趣吧！

今夜，就喝這杯吧！

「Jim Beam」

金賓威士忌 (40%vol)

經四年熟成，為白底標籤。

金賓首選 Jim Beam's Choice (40%vol)

經五年熟成。為鮮綠色酒標。

金賓黑牌8年 Jim Beam Black label Aged 8 years

經八年熟成，口感溫和。為黑色標籤。

金賓黑牌8年

品賞 裸麥威士忌

Q：

裸麥威士忌與
波本不一樣嗎?

A：以裸麥為主體的威士忌，不是波本威士忌。

使用51％以上的裸麥，放置於酒桶內側燻焦的新橡木桶中，經二年以上熟成者，稱為裸麥威士忌（Rye Whiskey）。比起波本威士忌更加香醇，散發出裸麥特有的香味。就歷史來看，裸麥威士忌，比起以玉米威士忌作為主體的波本威士忌，也較早開始釀造，歷史較為悠久。

主要的裸麥威士忌

金賓裸麥威士忌
Jim Beam Rye（40%vol）

清淡，但稍具刺激口感

金賓公司所釀造的純裸麥威士忌。1945年左右開始販售。符合黃色酒瓶情調的輕快風味。

老歐弗霍特裸麥威士忌
Old Overholt Rye（40%vol）

清涼爽快的口感

誕生於1810年，具有傳統的品牌。現在在金賓蒸餾廠中進行蒸餾。甜度不高，風味爽快清淡。

野火雞裸麥威士忌
Wild Turkey Rye（50.5%vol）

辛辣刺激的口感

與野火雞8年同樣具高酒精濃度。味道濃醇甘甜，表現出裸麥辛辣味，是裸麥威士忌中的名品。

美格 Maker's Mark

耗時的蠟印封瓶，正宗「純手工」血統

完全沒有波本威士忌特有、帶點苦味的酒桶香，取而代之的，是隱隱約約散發著柑橘般的香甜氣味。美格的獨特風味，據說來自於它將原本所使用的裸麥原料，以冬天收穫的小麥來代替，才能造就出如此優秀的結果。

生產此極品威士忌的蒸餾廠，是所有波本威士忌製造商當中，規模最小的一家。經營者為Samuels家族，雖曾一度關閉歇業，但到了第四代子孫時，開始著手整頓已成為廢墟的蒸餾廠，恢復其原有的面貌，使先祖的夢想得已延續至今。

此蒸餾廠，維持少量生產的一貫作風，僅生產手工釀造的威士忌。讓人看一眼就記住的封瓶蠟印，也是一個個純手工製作的喔！當你將美格倒入酒杯時，彷彿也正傳達著這些幕後釀造者的暖暖溫情。

紅色封瓶蠟印的紅色瓶蓋，是美格的品質保證商品。另外還有黑色、金色封瓶蠟印的其他酒款。

獨特的包裝，來自妻子的創意。

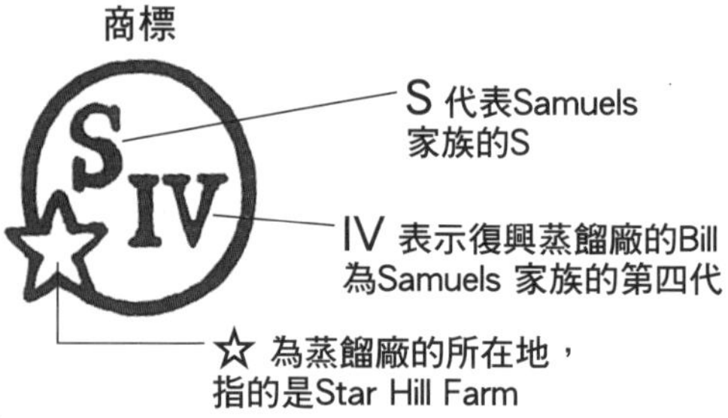
商標
S
IV
S 代表Samuels
家族的S
IV 表示復興蒸餾廠的Bill
為Samuels 家族的第四代
☆ 為蒸餾廠的所在地，
指的是Star Hill Farm

思考設計出包裝、且能呼應「品質第一且少量生產」精神的，是Samuels家族第四代Bill的妻子Marge。看似手工製作般的標籤，及純手工封瓶蠟印等，均充滿與美格同樣純手工釀造的感覺。

封瓶的蠟印有這種…
也有這種樣式
完全表現出
封瓶者的個性
這可是世界唯一喔，沒有任何一瓶和它一模一樣的了！它是用純手工一個一個封起的喔！
Maker's Mark
WHISKY

若一次買個幾瓶，就可以比較每瓶封瓶蠟印的樣式喔！

「Maker's Mark」

美格紅色蠟印威士忌（45%vol）

原料中未使用裸麥。

美格黑色蠟印威士忌（45%vol）

現任董事長為創造出比父親的紅色蠟印威士忌更勝一籌的波本威士忌，所研發釀造的款式。有清淡且芳醇的香味。

美格金色蠟印威士忌（45%vol）

為了當為VIP贈品所開發的產品。金色封蠟的流線，視覺上洋溢著優雅且高級的感覺。

今夜，就喝這杯吧！
Maker's Mark
BOURBON WHISKY
750ml
45%alc/vol

美格紅色蠟印威士忌

老伏斯特 Old Forester

頂級香味，正統派波本威士忌

喝一口老伏斯特威士忌，正如其酒精濃度給人的感覺，舌頭的刺激感較少，接著順滑入喉後，散發出不可思議的甜味和濃香，口中並殘留波本威士忌令人愉快的獨有餘味。

老伏斯特威士忌與古早威士忌齊名，並列Brown-Forman公司的兩大招牌商品。Brown-Forman公司創立於一八七〇年，威士忌業界首度裝瓶販賣的波本威士忌，即為老伏斯特。當時波本威士忌均以桶裝形式販售，其中也必定摻雜著一些劣質品。因此創辦人George Garvin Brown特地在酒標上，以親筆簽名寫下：「此威士忌為本公司獨力蒸餾生產，保證有豐富口感和優良品質」等字樣。最後還特別在「市場上沒有能贏過它的威士忌了」這幾個字下畫底線，再次強調此威士忌品質之優良。此一手法果然大大奏效，老伏斯特威士忌的名號，迅速傳遍了大街小巷。此手寫文字，至今仍自信地寫在酒標上。

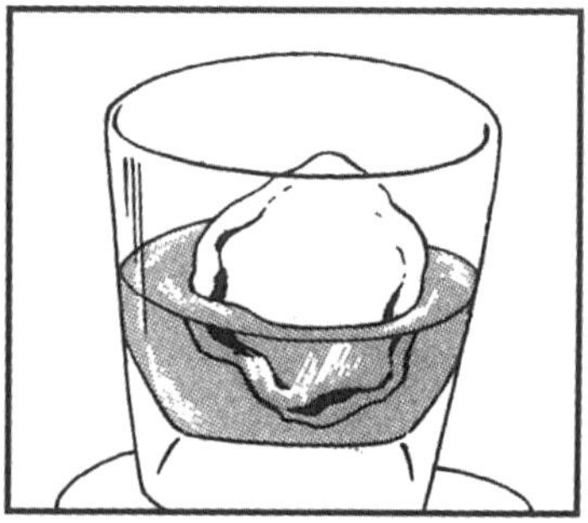

由於波本很美味，
不妨加冰塊飲用吧！

今夜，就喝這杯吧！
OLD FORESTER

「Old Forester」

老伏斯特 (43%vol)

老伏斯特保稅威士忌 Old Forester Bonded

依照保稅法（參照下面專欄）的波本威士忌。

老伏斯特威士忌

唷，小鄉！好久不見了！
今夜就痛快地喝一杯吧！
男子氣概的波本，適合獨自享用。

也可用縮寫B.I.B表示！

政府給予保證的保稅法 Bond

在波本威士忌品質參差不齊的十九世紀末，為保護品質優良的威士忌所訂定的法律，就是保稅法（Bottled In Bond）。也就是在眾多的波本威士忌中，政府為優良的產品掛保證的意思。

此項法律雖已廢止，但目前在某些威士忌的標籤上仍殘留有當時的遺跡。標籤上寫著「Bonded」、「Bottled In Bond」等字眼的威士忌，就是符合保稅法條件（單一蒸餾廠的原酒、酒精濃度50度裝瓶等）的波本威士忌。除在政府管轄的倉庫中熟成這一點之外，現在仍有許多波本威士忌，是根據這個法律來釀造。

野火雞 Wild Turkey

濃烈豐富的風味

酒液流經喉嚨到達體內，酒的美味如同染布般，一層一層漸漸地暈染開來，豐富多變的風味，濃厚的味道，同時又具有甘甜的豐富口感。野火雞不愧是眾人所稱的「波本之王」。

在不鏽鋼發酵桶為主流的現今，產出如此豐富風味的野火雞蒸餾廠，仍然使用柏樹材（cypress）製成的發酵桶來釀造。熟成八年的野火雞威士忌，為了使酒精濃度變成50.5度，會斟酌加水調整，這樣的度數已沿用許久，如今已成為一項標準了。

野火雞之所以成為此威士忌的品牌名，據說有以下的傳說。蒸餾廠中，有時會出現一位獵捕野火雞的男子，拿著酒瓶來裝威士忌，以此來招待他的狩獵夥伴們。由於此威士忌大獲夥伴們的好評，因此，只要是野火雞的打獵季節，他就一定會來購買威士忌。據說就是因為這樣，便開始以野火雞來命名。

標籤上所描繪的野火雞，曾經以飛翔姿態的商標出現，但從一九九四年開始，改成了側面站立的圖案。

今夜，就喝這杯吧！

「Wild Turkey」

野火雞標準威士忌 Wild Turkey Standard (40%vol)

野火雞8年 (50.5%vol)

此品牌的招牌商品。強烈且持久香味，相當有魅力。

野火雞珍藏威士忌 Wild Turkey Rare Breed (54.5%vol)

從達到熟成高峰的橡木桶中，直接取出裝瓶的威士忌。每一瓶的酒精濃度都不一樣，屬於少量生產的商品。

野火雞12年 (50.5%vol)

野火雞8年威士忌

啊～啊！那是攜帶用的小酒瓶！
我外套的口袋裡，總會帶著這寶貝喔！

攜帶用小型酒瓶 Skittle

在野外用來喝東西的容器，也稱作攜帶瓶（flask），可以繫在腰間，或放進口袋裡。為了能將此容器放進褲子的口袋中，設計出了符合臀部曲線的彎曲形狀，就是Skittle了。

咕嘟咕嘟！

太好喝了！
這真是美味中的美味呀！

觀賞運動賽事、或進行戶外活動的時刻，如果天氣寒冷，為了儘快讓身體暖和起來，來一口威士忌，真是最適合不過了。

傑克丹尼爾 Jack Daniel's

它算是波本威士忌嗎？

把傑克丹尼爾倒進酒杯中，隨即散發出水果香與原木酒桶香交織出的溫和香味。喝一口隨即感受到微妙的甘甜，和適度的酒精刺激，完美調和的風味，彷彿經歷過歲月歷練的貴公子。

正好奇「這是什麼威士忌？」的同時，卻發現它黑白色的簡單酒標上，寫著「田納西威士忌」。然而大多數的人，卻可能都有「這不是波本威士忌嗎？」的疑問。其實，就法律上而言，雖然田納西威士忌也有一半以上成份是玉米，被歸類為波本，但一般我們還是以「田納西威士忌」來稱呼它。

百分之八十的波本威士忌，產於肯塔基州，但田納西威士忌，則產於田納西州。其最大的特色，就是放置在原木酒桶內熟成之前，才剛蒸餾好的原酒，須先使用糖槭（sugar maple）製成的木炭來進行過濾（參照下一頁）。透過這個程序，才能造就出蘊含芳香且口感輕快的田納西威士忌。

傑克丹尼爾是最具代表性的田納西威士忌。它的創造者，是位從七歲開始就在蒸餾廠中工作，十六歲就建造自己蒸餾廠的傳奇性人物。他所釀的威士忌，曾獲得一九〇四年世界博覽會的金牌大獎。

如果用甘甜中帶點微苦的傑克丹尼爾，招待心儀的女性，很容易就能拉近距離喔！
啊～真的可以嗎～

想認識心儀的女士，拜託調酒師幫個忙，並不會違反禮節喔！相反地，還能充分表現紳士的優雅風範呢！

傑克丹尼爾黑牌威士忌

「Jack Daniel's」

傑克丹尼爾黑牌 (40%vol)

紳士傑克威士忌 Gentleman Jack (40%vol)

蒸餾後，馬上進行一次過濾，裝瓶前再一次，共計兩次過濾。口感圓潤滑順。

傑克丹尼爾單一桶裝威士忌
Jack Daniel's Single Barrel Whiskey (47%vol)

在全部熟成桶中，挑選出最佳熟成狀態的酒桶，直接汲取單一酒桶的酒裝瓶而成。

與波本威士忌的差別？

木炭與圓潤（Charcoal Mellowing）的秘密

在田納西威士忌的釀造方法中，有道使用木炭進行過濾的程序。因此，其口感比起波本威士忌，更加圓潤香醇。

田納西威士忌的釀造方法

▼

到蒸餾步驟之前，製法都與波本威士忌相同

▼

木炭、圓潤
- 將糖楓木乾燥
- 製成木炭
- 將粉碎成細塊狀的木炭，放入圓潤桶（Mellowing）

蒸餾後的酒液，在圓潤桶中經過約十天的過濾

經過過濾…

可去除原酒中玉米油等影響威士忌品質的不良成份

↓

口感更圓潤香醇，風味更純淨。

▼

加入水後，放進內側熏焦的橡木酒桶中熟成，最後裝瓶。

平易近人的加拿大威士忌

品嘗清淡風味的另番口感

以為「我從沒喝過加拿大威士忌」的人，事實上很可能正喝著它而不自知呢！因為加拿大威士忌，經常使用於以威士忌為基底的調酒中，它的特徵正是輕快的風味，可說是世上的威士忌中，口感最清淡的了。除了使用於調酒，也能輕易地與其他飲料作調配。

加拿大威士忌的起源，據說是美國獨立戰爭後引進的。但正式建造蒸餾廠，則始於十八世紀後半到十九世紀間。多倫多與渥太華等地陸續建立了蒸餾廠，接下來，就在美國頒布禁酒令的背景之下，得以迅速發展。

加拿大威士忌的釀造，是將以裸麥為主原料的調味威士忌（Flavoring Whiskey），調和以玉米為原料主體的基底威士忌（Base Whiskey）而形成的。若原料中的裸麥比例達到51％以上，則可標示為裸麥威士忌。

加拿大威士忌清淡的口感，平易近人。即使調入其他氣泡飲料，也很好喝喔！

認識加拿大威士忌的類型

調味威士忌
Flavoring Whiskey

原料 裸麥、玉米、大麥麥芽等。

製造方法 使用罐式蒸餾器，蒸餾後再用罐式蒸餾器進行蒸餾。最後，放置酒桶內熟成三年。

味道 濃郁芳香，酒精濃度也高。多做為調和用。

基底威士忌
Base Whiskey

原料 玉米、大麥麥芽等

製造方法 使用連續式蒸餾器蒸餾，放置酒桶內熟成三年。

味道 和穀物威士忌一樣。無特殊味道與香味，作為調和用。

加拿大威士忌

製造方法 調味威士忌與基底威士忌的調和。

味道 即使純飲，也容易享用。無特殊味道的清淡風味。

加拿大裸麥威士忌
Canadian Rye Whiskey

原料 51%以上為裸麥。

味道 比加拿大威士忌更清爽質樸的風味。

如「亞伯特優質 Alberta Premium 威士忌（參照第133頁）、「麥可亞當斯（McAdams）」等，具有圓潤芳醇風味。

加拿大會所 Canadian Club

簡稱C.C.，廣受好評

散發著豐富香氣的輕快風味，口感輕柔。即使是討厭威士忌的人，也難以抵擋加拿大會所的魅力，而愛不釋手！

加拿大會所威士忌的蒸餾廠，誕生於一八五六年，建造於位在安大略省的Walkerville市。如今加拿大威士忌釀法的起源，便是來自加拿大會所的創造者——Mr. Hiram Walker。他釀出的威士忌，在紳士聚集的「紳士俱樂部」中頗具人氣，最初僅單純以「會所威士忌（Club Whiskey）」來命名。但不久之後，就因為在美國市場上也開始大獲好評，便在美國制定出區格美國與加拿大產威士忌法律的一八九〇年，正式將此威士忌命名為「加拿大會所」。

十九世紀末，加拿大會所得到英國王室御用蒸餾廠的認定，名實相符地成為世界著名品牌之一，簡稱「C.C.」，現今仍持續廣受世界各地人們的喜愛。

託禁酒令之福，立於不敗的加拿大威士忌

談到美國威士忌，就馬上聯想到相當著名的禁酒令。實際上，加拿大威士忌和它，確實有著相當深刻的關係喔。

在私釀劣酒橫行的禁酒令時代中，從加拿大秘密進口的威士忌，以其品質優良的風味，受到大家的喜愛。當禁酒令廢除之後，準備重新開張的美國威士忌業者對加拿大威士忌的側目，也證明了加拿大威士忌在美國人心中，已具有根深蒂固的不敗地位。

另外，作為調酒基酒也很受歡迎的加拿大威士忌，在禁酒令的契機下，更使得調酒文化獲得了飛躍性的發展。

「Canada Club」

加拿大會所（40%vol）
經六年熟成。

加拿大會所黑牌（40%vol）
經八年熟成。

加拿大會所經典12年（40%vol）

加拿大會所20年（40%vol）

加拿大會所威士忌

喝杯C.C.調酒吧！

Q：C.C.調酒指的是?

A：以加拿大會所威士忌為基酒的調酒。

由於加拿大會所威士忌調和均衡且容易飲用，因此很適合作為調酒用的基酒。也有在調酒名的字頭加上C.C.，特別強調這是以C.C.為底的調酒。以下就為大家介紹幾款吧！

C.C.C

材料
加拿大會所威士忌 45ml
可樂 適量

C.C.7

材料
加拿大會所威士忌 45ml
七喜汽水 適量

加拿大會所威士忌加入七喜汽水稀釋的調酒，深受美國年輕人的喜愛。也曾出現在電影《週末狂熱》中。

C.C. Salty Dog

材料
加拿大會所威士忌 45ml
葡萄柚汁 適量

加拿大會所威士忌加入葡萄柚汁稀釋，酒杯杯緣用鹽巴圈裝飾。是以伏特加為基酒調出的Salty Dog的進階版。

皇冠 Crown Royal

獻給英國國王的頂級大禮

從厚實的酒瓶中，倒出頂級的淡琥珀色酒液，含一口皇冠威士忌在嘴裡，豐富的香味在舌尖上擴散開來，微妙的甘澀風味，相當厚重、深刻。加水稀釋後，口感將更加圓潤芳醇。如果喝不習慣威士忌，把皇冠威士忌加水稀釋，也許是不錯的選擇喔！

皇冠威士忌，是加拿大威士忌的代表之一，屬於曾經支配世界威士忌業界的大企業——西格拉姆公司(Seagram Co., Ltd.)的代表性品牌。除了酒瓶設計成皇冠的形狀，標籤上也繪有皇冠的圖案，因此這個品牌名的由來，理所當然地，可以猜想得到與英國王室有關囉。

一九三九年，英國國王喬治六世夫妻出訪加拿大，當時的蒸餾廠擁有者Mr.Sam Bronfman，獻上自己所調和的頂級威士忌。在那之後，原本僅作為貴賓用而少量生產的頂級大禮，因為廣受好評而變成高價商品來販售，這就是皇冠威士忌的由來。

雖然皇冠威士忌的標準版已經是高級品，但皇冠還是出了更嚴選的特級品「皇冠特選威士忌(Special Edition)」，令人無論如何，都想品嘗看看。

「Crown Royal」

皇冠威士忌 (40%vol)

散發出卓越氣質的頂級威士忌。

皇冠特選威士忌 (40%vol)

比超頂級商品更加複雜香味的超優質威士忌。酒瓶比標準版更加修長。如此高品質的威士忌，最適合在寧靜的時刻享用了。

皇冠威士忌

Seagram's VO

西格拉姆VO威士忌 (40%vol)

加拿大威士忌代表品牌之一

以裸麥與玉米為主體蒸餾的原酒，經過六年熟成，口感佳、滑順且清淡，容易飲用。是二十世紀初期誕生的品牌。標籤上印有大大的金色文字VO，是加拿大代表性的威士忌之一。

亞伯特優質威士忌

Alberta Premium

亞伯特優質威士忌
Alberta Premium (40%vol)

亞伯特Springs威士忌
Alberta Springs (40%vol)

加拿大產的代表性裸麥威士忌

具有裸麥威士忌質樸特徵的清淡風味，亞伯特優質威士忌是經過五年熟成，Springs威士忌，則是經過十年長期熟成，口感溫和。

威士忌專欄

蘇格蘭與波本的西洋棋對決

英國當代最偉大小說家格雷安葛林（Graham Greene），在他改編成電影《哈瓦那的男人》的小說中，重要的幾個鬥智場景，都有威士忌的出現。

一位正直的英國男子，被捲入古巴哈瓦那的一場諜大戰。生命倍受威脅的他，與當地的維安警察下了盤西洋棋，而棋盤上的棋子，全部都是威士忌的迷你酒。遊戲規則是吃到棋的一方，需將那瓶迷你酒喝光。若說此盤棋是蘇格蘭威士忌（英國男子）和波本威士忌（警察）的對決，也絕不為過。

英國男子總是故意輸棋，讓警察一直贏棋、不斷喝下威士忌，很快就分出勝負了。英國男子便從醉得不醒人事的警察身上，輕鬆取走手槍，安全脫困。

迷你酒的西洋棋對決，鹿死誰手實在難說，聽起來很有意思吧？

第4章

日本威士忌

◢ 細緻風味，征服日本人的舌尖和味蕾 ◣

香味持久、風味纖細的日本威士忌

蘇格蘭威士忌的另番典範

日本國產威士忌，也與威士忌的大本營蘇格蘭一樣，分成單一麥芽與調和式威士忌兩種。雖然口感與蘇格蘭威士忌相似，但為了真正符合日本人口味，除盡量降低煙熏味之外，加水稀釋也不會破壞風味，可說是日本威士忌的特徵。

日本的第一瓶國產威士忌「白札（Shirohuda）」，即三得利威士忌的前身，於一九二九年，在壽屋洋酒店開始販賣。不久，東京釀造也開始販售「Tomii威士忌」，但在一九五五年，這支威士忌就消失於市場上了。到了一九四〇年，Nikka威士忌誕生，二次世界大戰後，更進一步出現了東洋釀造（現今的旭化成）、大黑葡萄酒（現今的美露香威士忌）。隨後在一九七四年時，麒麟西格拉姆公司也投入了威士忌釀造的行列，使得日本如今擁有如此多種的威士忌。

由於日本威士忌的歷史還相當短，世界知名度並不高。但它擁有日本獨特的風味，以它高品質的定位而言，評價正穩定地成長中。

即使加水稀釋，香氣依舊不減。

日本獨有的「水割」喝法

「水割」指的是，在酒杯中放進冰塊、威士忌和適量的水，調成的稀釋威士忌。許多日本威士忌(特別是調和式)，都是配合水割喝法而釀造的。也有一種說法指出，由於日本的濕度高，因此加入冰塊喝、較容易入口。

不過，倘若溫度降低，香味就不容易散發出來，若想要享受單一麥芽威士忌的香味，在開始飲用時，最好不要加入冰塊喔！

認識日本威士忌的類型

麥芽威士忌

原料 大麥麥芽

製造方法 使用單式蒸餾器，進行二次蒸餾，再放置橡木桶中熟成。

味道 雖與蘇格蘭威士忌味道相似，但煙熏味較少，容易飲用。

穀物威士忌

原料 玉米等穀物。

製造方法 使用連續式蒸餾器進行蒸餾，並放進橡木桶中熟成。

味道 本身的特色較少，主要作為調和用。

調和式威士忌

製造方法 調和麥芽威士忌與穀物威士忌。

味道 比蘇格蘭威士忌較少煙熏味及刺激感。具有持久飽滿的香氣，即使加水稀釋，也不會破壞本身的香味。

日本的主要蒸餾廠

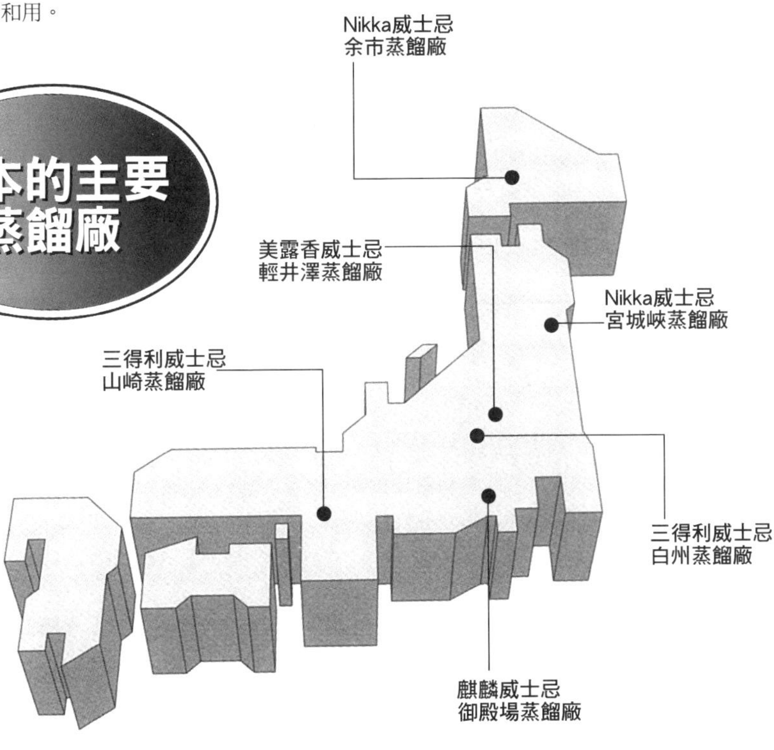
Nikka威士忌
余市蒸餾廠
美露香威士忌
輕井澤蒸餾廠
Nikka威士忌
宮城峽蒸餾廠
三得利威士忌
山崎蒸餾廠
三得利威士忌
白州蒸餾廠
麒麟威士忌
御殿場蒸餾廠

山崎

高酒精度、芳醇的日本麥芽威士忌代表作

原木酒桶的香氣、宜人的煙熏香，淡淡甘甜的口感，這些指的正是令人心曠神怡的單一麥芽威士忌——山崎。

山崎如同艾雷島威士忌般，屬於高度香味的威士忌，不習慣喝此種風味的人，稍微加些水，可能會覺得好喝些。

一九二三年，三得利的前身——壽屋洋酒店的創辦人鳥井信治郎先生，本著想要創造出真正威士忌的熱情，開始在全國各地找尋適合建立蒸餾廠的土地。結果選定了位於京都西南方的山崎，建立了日本的第一座蒸餾廠。此處擁有優良的水質（茶道之祖千利休，便在此處建立茶室「待庵」），而以山崎蒸餾廠的威士忌作為原酒出品、日本的首支國產威士忌——「白札」，便正式誕生。

為紀念日本國產威士忌的發源地，在山崎蒸餾廠建廠六十週年時，特別推出了單一麥芽威士忌——「山崎12年」。僅從熟成十二年以上的祕藏酒桶中，嚴選酒液裝瓶，它的口感在世界上也獲得相當高的評價。當遙想日本威士忌歷史的同時，不妨也倒一杯來享用吧！

製造廠不同，標示也就不同。

Pure、Single、Vatted的差異

山崎早期標籤上雖然標示了「Pure Malt」的字樣，但是其實是單一麥芽，目前已改回「Single Malt」。如果混合多家麥芽威士忌的產品，就會使用「Vatted Malt」的字眼（請參照169頁），意思也一樣的。在飲用前，不妨確認看看酒標上的字樣，更能增進樂趣喔！

今夜，就喝這杯吧！

山崎12年

「Yamazaki」

山崎10年（40%vol）

山崎12年（43%vol）

曾在「International Spirit Challenge 2003」比賽中，為日本贏得第一面金牌。評語是「從這支酒的木桶香味，就能感受到濃濃的日本風味。」

山崎18年（43%vol）

山崎1983雪莉桶威士忌（45%vol）
Suntory Single Malt Whisky Yamazaki 1983 Sherry wood

1983年蒸餾的限定商品。在雪莉酒桶中熟成，具有高度香甜的口感。

山崎25年（45%vol）

為紀念三得利創立一百週年所釀造的限定商品。使用經過二十五年以上熟成的原酒。

山崎名水的3大保證

名水100選

天王山山麓中的「離宮之水」，為全國名水100選之一。山崎蒸餾廠使用的釀造水，同樣源自天王山。

博士的背書

蘇格蘭的威士忌專家Muir博士，曾受託檢查此處的水質，檢查結果顯示：此水質最適合用來作為釀造水。

利休的茶室

山崎，在古時候有著「水生野」的美譽，亦即代表在自然曠野中湧出的水源。日本茶道之祖千利休，因而在此處建立茶室「待庵」。

白州

源於日本南阿爾卑斯的山間風味

蘊含柑橘及葡萄柚等果實香，口感清爽，據說具有與頂級不甜白葡萄酒相似的雅致風味，白州，屬於容易入口的單一麥芽威士忌。

在山崎蒸餾廠創立屆滿五十週年的一九七三年，三得利集團選擇在南阿爾卑斯山的甲斐駒岳山腳下，設立三得利的第二座蒸餾廠——白州蒸餾廠。

白州，是流經南阿爾卑斯山花崗岩層的水，挾帶著白色細砂，所形成的扇狀沙地，為富含均衡礦物質名水之水源地。用此處的水在陳年木桶中進行麥芽發酵，並直接以火加熱鍋爐、進行蒸餾，如此講究的威士忌釀造法，即是白州蒸餾廠所創造出來的。

相對於圓潤芳醇、香味恆久的山崎威士忌，白州威士忌具有纖細且清爽的口感，兩者的個性截然不同。飲用比較看看，相當有樂趣喔！

可以先試試以純飲的方式飲用，之後再加水稀釋，兩相比較。此外，白州威士忌加水稀釋後再加入蘇打水，非但不會破壞原有的風味，口感反而更加圓潤芳醇，變得更美味喔！

今夜，就喝這杯吧！

「Hakushu」

白州10年 (40%vol)

具水果茶般清涼風味。含一口在嘴裡，不會太濃、也不會太淡，濃淡適中的口感。

白州12年 (43%vol)

使用瀝除雜味成份的特別裝置，因此味道特別純淨。不知是否受到環繞於熟成桶與貯藏庫周圍森林的影響，酒液帶有宜人的原木香，也能感受到淡淡的煙熏香味。

白州10年

兩大天然要素，造就白州威士忌

阿爾卑斯的天然水

決定白州威士忌味道的關鍵性釀造水，是來自於甲斐駒岳山上的融雪，流入尾白川所形成的水。為全國名水100選之一。

空氣冷涼濕氣充分的森林

清涼風味的其中一個因素，即為熟成的環境。白州威士忌在空氣清涼，與溼度適當的森林中熟成。

出自森林的威士忌，就該在森林中享用！

雖然在酒吧或自家，喝杯威士忌來為一整天的辛勤工作劃下句點，是相當愜意的一件事。但其實，在太陽底下喝的威士忌，也相香美味喔！尤其像白州這樣，吸收了森林香氣而熟成的清涼威士忌，在戶外品嘗也是不錯的選擇喔！

森林中的空氣配上佳餚，再搭配杯威士忌，真是享受呀！但若要更進一步享受森林中的威士忌，菜餚的食材，也可以選擇森林中的天然農產來搭配喔！

舉例來說，若是白州威士忌，就搭配尾白川的烤河魚或炒蘑菇等天然佳餚。在威士忌熟成的場所中，就能隨手取得的食材，便是最好的搭配了。

得利思 Torys

點燃戰後的洋酒風潮

稍帶點甘甜、清淡爽口的風味，這樣的得利思調和威士忌，若是某一年齡層以上的人，一定不免勾起懷舊的風情吧！

談到得利思威士忌，就聯想到戰後的洋酒，它正是點燃威士忌風潮的超有名品牌。據說，此威士忌的誕生，完全是個偶然。一九一九年，三得利的鳥井信治郎先生，試喝封存於陳年葡萄酒桶中的利口酒（liqueur）時，突然發現「這酒真是太好喝了！」。原來在漫長的歲月間，酒桶裡的酒液，已經熟成為香醇順滑的琥珀色威士忌了。這威士忌就被命名為「得利思」來販售，結果很快就被搶購一空。據說此時的鳥井先生，就抱持著要專注釀造此威士忌的強烈慾望。

使用真正威士忌原酒重新生產的得利思，於二次世界大戰結束後的隔年（一九四六年）開始正式上市銷售，為厭倦了劣質威士忌的庶民們帶來新威士忌時代的夢想與希望。如今，威士忌銷售高度成長的時代，支持著日本洋酒風潮的得利思威士忌，也同樣滿載著人們的夢想，充滿生命力的持續成長下去。

「Torys」

得利思威士忌 (37%vol)

如同其「物美價廉」的廣告標語。清爽的美味，依舊具有超高人氣。

得利思方瓶威士忌 (37%vol)

洗鍊的四角形酒瓶。無特殊味道、容易飲用。

得利思威士忌

這瓶酒是以三得利的創辦人名字「鳥井先生」為靈感取名的喔。

飲用之後，Uncle Torys會漸漸變成紅色的動畫。
這個廣告人物，也有個性商品上市哩！

Uncle Torys 小檔案

這個在台灣也不少人知道的卡通人物，你知道他的身世嗎？

★出生於1958年
★座右銘為「平常」
★稍好女色
★興趣為草地棒球
★妻子是個和服美人

喝了威士忌，搞不好金句就會脫口而出呢！

以「威士忌與生活息息相關」作為宣傳手法

在日本，像是「物美價廉」、「喝一口得利思威士忌，好想活得像個『人』——因為我就是個『人』啊！」、「想喝就喝，三得利果然是我唯一的選擇！」、「飲用三得利，前進夏威夷！」等宣傳標語，幾乎人人都能朗朗上口。每一句都是上班族心情寫照的經典名言。受到此宣傳手法的感召，而開始飲用三得利威士忌的人，一定很多吧！

想出這些經典名言的宣傳部，可是人才輩出呢！像是開高健（芥川獎作家）、山口瞳（直木獎作家），以及畫出Uncle Torys的柳原良平等人，都曾待過此團隊喔！

角瓶

長期超人氣的原因，源於瓶身的龜殼紋？

屬於強烈辛辣口感、濃醇的調和式威士忌，只要是威士忌的愛好者，一定都喝過吧！此品牌，長久以來與日本人生活息息相關。

角瓶誕生於一九三七年。當時，首瓶日本國產威士忌「白札」，以及接著上市的「紅札（Akahuda）」，均發生滯銷的情況，促使陷入經營危機的壽屋洋酒店創辦人鳥井先生，毅然決然地使用山崎蒸餾廠所熟成的原酒，來釀造生產調和式威士忌。創作調和式威士忌成品的過程中，試作酒需不斷地經過三位日籍蘇格蘭威士忌行家的鑑賞。此款作品，終於在數年之後得到三位品酒名人的一致肯定，這支酒正是「角瓶」威士忌。

除了擁有符合日本人口味的芳醇酒香之外，角瓶威士忌能如此暢銷的原因，大概還來自於酒瓶上美麗龜甲紋的魅力！據說酒瓶的設計，是鳥井先生向正傷透腦筋的設計師提出的建議。整個創作靈感，來自於一瓶龜甲紋的雕工玻璃香水。

「角瓶」這樣的名稱，頂多只能算是別名，這支酒並無正式的品名。由於此酒瓶設計得很特殊，被當時眾多喜愛威士忌的人士暱稱為「角瓶」，之後大家也就從善如流，沿用此名了。

三得利角瓶

「Kakubin」

三得利角瓶 (40%vol)

濃醇風味、餘韻無窮。酒瓶為黃色標籤。

三得利白角 Suntory Kakubin White (40%vol)

強烈辛辣口感，適合搭配烤魚或生魚片來飲用。酒瓶為白色標籤。

三得利黑角 Suntory Kakubin Black (40%vol)

使用蘇打水或Perrier礦泉水稀釋，可以搭配油炸物、天婦羅、水餃等食物來享用，讓口中滿溢淡淡的油脂香。酒瓶為黑色標籤。

四角酒瓶

無腰身的四角形酒瓶，帶給人溫暖的印象。

龜甲模樣

酒瓶整體，佈滿六角形龜甲紋路。龜齡萬年的長壽象徵，是符合日本意象的設計。

高級威士忌的代表——「三得利Old」

角瓶誕生三年後，1940年三得利發表了新產品「三得利Old威士忌」。但由於戰爭的緣故，大約晚了十年才正式上市。

正式上市之後，立刻確立了它在日本國產高級威士忌中的穩固地位，並成為世界上酒迷們憧憬的美味威士忌。銷售量大幅成長的同時，Old威士忌已從稍微奢侈的酒，慢慢地轉變成價格平易近人的威士忌了。販賣至今已超過五十年，卻仍然銷售長紅，是深獲眾人喜愛的品牌。

其黝黑渾圓的瓶身設計，也被稱作「球體」、「黑丸」，而在關西地區，人們則喜歡以「日本浣熊」來稱呼它。

響

站上世界舞台，日本威士忌的巔峰之作

端起酒杯、小酌一口，完美極緻的舌尖觸感，並帶有濃郁的香味。清雅又豐富的風味，徐徐地在口中擴散開來，濃醇且深刻，「響」，確實是一支風味深遠的調和式威士忌。

「響」是一九八九年，為了紀念三得利創業九十週年，所推出的一支充滿自信且廣受迴響的高級威士忌。主要以山崎蒸餾廠的原酒為根本，挑選三十多種麥芽威士忌原酒，與數種穀類威士忌原酒調和釀成。這些原酒，都是經過十七年以上的熟成品喔！

據說存放於酒窖中的原酒，每年都須經過調酒師的品嘗，當他們認為「這酒已成為上等的原酒」時，就會把它作為「響」專用的原酒，而更加細心的照料它。由於僅採用經過嚴格挑選的原酒來調和，所以才能造就出如此絕讚香醇的世界級佳釀吧！

主要使用山崎蒸餾廠熟成二十二年的原酒，所調和出的「響21年威士忌」，以及使用經過三十年以上熟成的原酒，所調和出的「響30年威士忌」，可稱作是超頂級威士忌的代表。這些威士忌，從大正時代（西元一九一二年）就開始研發釀造，可說是日本國產威士忌歷史的結晶。

美麗的包裝，來自於纖細的巧手

「響」的酒瓶具有二十四個切割面，據說這代表著一天的二十四個小時，以及表現出陰曆中，立春、夏至等二十四個節氣，象徵著自然與人共同的寶貴時間的流動。

酒標用紙，採用和紙設計家堀木繪里子親手製作的手工越前和紙。標籤上清楚寫著的「響」毛筆題字，是出自於書法家荻野丹雪之手。

此威士忌，講究的不僅是味道，而是由內而外整體的頂級印象，可說是充分表現出擁有長久歷史的自信與尊榮吧！

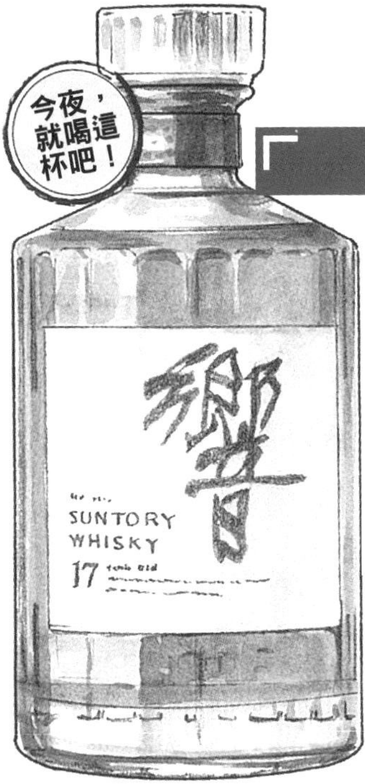
今夜，就喝這杯吧！
響
SUNTORY WHISKY
17

「響」威士忌

Hibiki

三得利「響」(43%vol)

使用熟成十七年以上的原酒，調和出的威士忌。

三得利「響」21年(43%vol)

黑底標籤為其正字標記。

三得利「響」30年(43%vol)

首瓶日本國產的三十年熟成威士忌。酒瓶為具有三十個切割面的水晶玻璃。

所使用的主要麥芽威士忌

山崎威士忌 （參照第138頁）

白州威士忌 （參照第140頁）

山崎與白州也擁有許多不同的種類，以及不同熟成年數的酒桶。

「響」是由不同種類的酒桶、不同熟成年數、不同品牌的三十三至三十九種原酒調和而成，如同一首雄渾的威士忌交響曲。

余市
直追蘇格蘭威士忌的頂級風味

余市厚重且濃醇的風味，可是一點也不輸起源地蘇格蘭的單一麥芽威士忌喔。

余市威士忌，以Nikka創辦人竹鶴政孝的滿腔熱情所釀，在北海道的余市蒸餾廠生產釀造。竹鶴先生，留學於洋溢威士忌魅力的蘇格蘭，因此習得蘇格蘭威士忌的釀製方法，學成歸國後，進入壽屋洋酒店工作，負責山崎蒸餾廠的設計與總指揮，奠定了日本國產威士忌的釀造基礎。但為了實現自己所追求的威士忌釀造之夢，因而獨立並挑選北海道的余市來設立蒸餾廠。

竹鶴先生的熱情，是為了能創造出品質不輸原產地蘇格蘭威士忌的真正威士忌。據說由於相當講究酒的品質，戰爭後販賣的價格，也較其他公司來得高一些，雖經歷過銷售不佳的時期，但還是持續堅持高品質威士忌、毫不妥協。到了銷量大幅成長的時候，這樣的講究也就被認同了。Nikka與三得利，兩者銷售量的成長，可說是並駕齊驅。

今夜，就喝這杯吧！

Yoichi

余市10年 （45%vol）

余市12年 （45%vol）

余市15年 （45%vol）

余市20年 （52%vol）

在嚴苛的自然環境中，散發出贏家氣息的圓潤芳醇風味。

余市10年單一麥芽威士忌

位於北海道的余市，
與竹鶴先生學習
釀造威士忌學問的
蘇格蘭，
氣候與風土的條件，
均相當相似。

口感輕柔
也是它的
特徵喔！

Nikka第二蒸餾廠的「宮城峽」單一麥芽威士忌

Nikka繼北海道余市蒸餾廠之後，又選定了宮城縣的仙台市，建造它的第二所蒸餾廠。竹鶴先生將此地稱為宮城峽，其所生產釀造的威士忌，便命名為「宮城峽單一麥芽威士忌」。

宮城峽威士忌與余市威士忌相較之下，具有沉穩且纖細的風味特徵。共擁有十年、十二年及十五年熟成等三種威士忌，是相當被看好的麥芽威士忌明日之星。

除了單一麥芽威士忌之外，「鶴」也是Nikka威士忌的第一瓶調和用原酒。

Black Nikka

資深品酒師也讚不絕口的清淡風味

這支風味與口感都清淡、容易親近的調和式威士忌，通稱「老K」。清爽的風味，是來自於大膽屏棄使用獨特香氣來源的泥煤而產生的。

Black Nikka，誕生於一九六五年。是日本販售的首瓶以國產穀物威士忌調出的調和式威士忌。它以「超越特級的一級威士忌」宣傳標語，瞬間就紅遍家庭與酒吧。

此外，標籤上所描繪的大鬍子人物，乍看彷彿是國王正飲用著威士忌，仔細一看，才發現他手裡拿著一把大麥的麥穗。實際上，這個人物象徵的，正是威士忌的調酒師。

此構想，來自於Nikka威士忌的創辦人竹鶴政孝先生。據說他經常述說著調酒師的責任是如何重大，因而描繪出這張調酒師的理想圖像，並取名為「King of Blenders」。他單手所拿的小酒杯，並非象徵正在飲用威士忌，而是代表正在專心一意地鑑賞著。

嗯～
美味呀！
忠實傳達了調酒師的精神啊～

Nikka老K威士忌

「Black Nikka」

老K威士忌 Black Nikka Clear Blend（37%vol）

不使用泥煤來烘乾麥芽，無煙熏味。清淨容易飲用。

特藏Nikka黑牌 Black Nikka Special

1965年開始販售。

Nikka黑牌8年

Black Nikka Aged 8 Years（40%vol）

使用八年以上熟成的原酒與穀物威士忌原酒，所調和出的滑順風味。

人物

理想的調酒師之王「King of Blenders」。

所使用的主要麥芽威士忌

余市威士忌（參照第148頁）

宮城峽威士忌（參照第149頁）

余市與宮城峽威士忌，為Nikka黑牌8年主要使用的麥芽威士忌。

調酒師的三項職責

調酒師的職責眾多且繁雜，但大致可區分成下列三項：

第一，管理數百桶以上原酒。除了味道與庫存數量的確認之外，還必須能預知未來，思考哪個酒桶需放置多久、未來需增加些什麼……等等事項。

第二，確保所有上市的調和式威士忌風味，均能保有一定的品質。熟成年數的不同，原酒就可能會有微妙的味道差異，甚至無法取得相同的原酒，調酒師必須克服每年條件都不同的因素，釀造出不變的風味。

第三，跟隨時代的變化，開發新的調和式威士忌。

鶴

外觀討喜，是伴手禮的首選

深琥珀色的酒液，一倒進酒杯中，馬上激發出豐富的香氣，口感如同高級白蘭地般滑順。「鶴」的濃醇芳香，果然可以讓人感到暫時的舒緩與放鬆，不負眾人所稱「最高級調和式威士忌」之美名！

品名同樣由Nikka威士忌的創辦人竹鶴政孝先生所命，酒瓶上的浮雕，是以竹鶴家流傳下來的屏風畫「遊玩於竹林中的鶴」為基本圖案，所設計的。

竹鶴先生選擇了余市與仙台兩地建造蒸餾廠，來釀造他夢想中的麥芽威士忌。其中，余市的麥芽威士忌獲得國外威士忌評論家評為「世界六大頂尖威士忌之一」的高度肯定。而使用兩座蒸餾廠最細心釀造的麥芽威士忌作為基底，並與穀物威士忌取得絕妙調和的威士忌「鶴」，可以說是將創辦人竹鶴先生的夢想，具體實現的成品！

以鶴為意象的高格調陶器酒瓶，外觀相當奢華，若用來作為伴手禮，也相當討喜。

Nikka只是個縮寫喔！

在背後替Nikka撐腰的——是果汁！

Nikka威士忌始於一家專門生產果汁的「大日本果汁」株式會社。由於威士忌裝瓶貯藏後，需在酒桶內待上幾年的時間，而正值事業剛起步時期，很快的生意就無法做下去了。

因此，作為權宜之計，日本第一家專門販賣天然蘋果汁的公司，正式誕生。雖然到目前為止，仍保有絕不添加任何人工香料的純天然傳統，但據說當時生產的果汁其酸無比，銷售相當不佳呢！

後來，在創業六年之後，推出了第一瓶上市威士忌，就沿用大日本果汁的簡稱「日果」來當作品牌名，Nikka也就正式誕生了。

「Tsuru」

鶴（43%vol）

使用十五～二十年熟成的余市及宮城峽麥芽威士忌，與穀物威士忌作調和。除了有裝進如圖中的白色陶器酒瓶款之外，有的也裝進貼著大大「鶴」字標籤的纖細酒瓶裡。

包裝設計典藏感強的鶴威士忌，是致贈重要親友的禮品首選。

其他的Nikka威士忌

Kingsland（43%vol）

散發豐富濃醇香

麥芽與穀物威士忌原酒比例各半，所調和出的威士忌。為紀念Nikka創業四十週年推出的紀念商品。

Super Nikka（43%vol）

即使加水稀釋，味道還是相當濃厚

滑順、容易飲用的口感。是1962年開始販賣的Nikka暢銷商品。

The Blend（45%vol）

表現出強烈的麥芽威士忌特色

使用麥芽威士忌原酒為基底，充分表現出香氣與味道。酒精濃度45度，略為偏高。

輕井澤

在避暑勝地徐緩熟成

擁有花香氣味，以及充分熟成的豐富味道，「輕井澤」是一瓶精緻美味的麥芽威士忌。

一九五二年，美露香（Mercian）威士忌的前身——大黑葡萄酒，開始釀造威士忌。當時原本在塩尻進行釀造，但為了追求更好的環境，而四處尋覓最適合的地點，最後雀屏中選的，正是美露香公司所擁有的輕井澤農場。此地長年以來雖有葡萄酒的釀造，但淺間山的融雪水與涼爽的氣候，及能賦予酒桶適當溼度的霧氣等條件，真的是最適合用來釀造威士忌的自然環境了。甚至木造的貯藏庫還滿佈藤蔓，能緩和夏季強烈的太陽光照射，防止產生極端的溫度變化。

在這塊與蘇格蘭當地條件相似的土地上，美露香開始釀造生產正規的威士忌，並於一九七六年開始販賣「Straight Malt Ocean 輕井澤」百分之百麥芽威士忌。這也正是輕井澤系列威士忌的開端。雖然通常冠上蒸餾廠名的，都是單一麥芽威士忌，但「輕井澤12年威士忌」，卻屬於調和式純麥威士忌（Vatted Malt）（參照第169頁）。不過要強調的是，在輕井澤系列威士忌中，仍有該廠單一麥芽威士忌存在的。

今夜，就喝這杯吧！

「Karuizawa」

輕井澤12年 (40%vol)
容易飲用，口感輕柔。

輕井澤15年 (40%vol)
主要使用雪莉桶中的原酒來調和，酒液顏色鮮明，且偏紅色。

輕井澤17年 (40%vol)
球形且優雅的酒瓶設計，令人印象深刻。濃醇沉穩的風味。

輕井澤17年威士忌

美露香的其他威士忌

輕井澤 Master's Blend 10年（40%vol）

以麥芽威士忌為基底的沉穩風味

調和式威士忌，曾獲得2002年國際葡萄酒與烈酒競賽（International Wine & Spirits Competition）的金牌大獎。

輕井澤 Vintage

可自由選擇熟成年份的樂趣

可以隨個人偏好，從1972年～1991年的二十個年代（熟成年數十二年～三十一年）中，挑選自己喜愛的單一麥芽威士忌。僅用單一酒桶的原酒來裝瓶，可感受到熟成年數與各酒桶個性差異的樂趣。

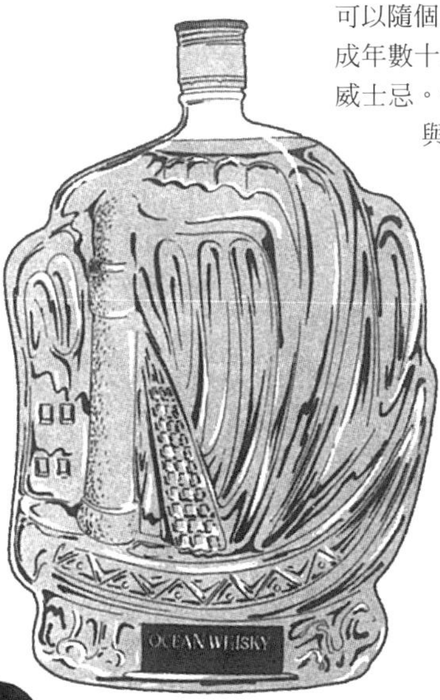

輕井澤 Ocean ship Bottle

船型酒瓶，閃耀金黃色光芒

瓶身是由品名「Ocean」所衍生出的船型設計，結合玩心的調和式威士忌。

參觀蒸餾廠，免費試喝威士忌

台灣喜愛威士忌的人當中，有些人會實際造訪蘇格蘭的蒸餾廠，但即使無法親自前往，也別覺得遺憾喔。有機會的話，不如就近造訪日本的蒸餾廠，也是不錯的體驗喔！日本的許多蒸餾廠，不僅可免費參觀，還提供遊客導覽解說的服務，在參觀過程中，也可試飲各蒸餾廠所自豪的威士忌呢，還有什麼會比這更令人高興的事呢？

蒸餾廠中像是御殿場、輕井澤及白州等，均位於景色秀麗的自然環境中，有些蒸餾廠還設有餐廳與美術館。來這裡觀光，可以讓你度過悠閒的一天呢！但若是開車前往，試喝時，可要記得節制喔！

Evermore

使用富士山地下水釀造，酒液透明、味道芳香

甘甜華麗的果實香，迎面撲鼻而來，接著立刻感受到威士忌獨特的煙熏香氣。帶有濃郁果實香特色的Evermore威士忌，是麒麟蒸餾廠所生產的調和式威士忌中，最高級的品牌。

這座麒麟自豪的蒸餾廠，位於富士山腳下的御殿場。富士山的底部，經過長久歲月的累積，蘊含著均衡礦物質的名水，源源不絕地在地底下流動著。此地下水，是最適合用來作為加入麥芽的釀造水「mother water」的軟水。並且，此地氣候涼爽、空氣清淨，對於建造蒸餾廠而言，真的是再適合不過了。

御殿場蒸餾廠僅用蒸餾液中品質最優良的部分，並使用較小號的酒桶，使酒桶與原酒交互作用的面積盡可能增大，釀造手法非常講究。調酒師從置放於富士山腳下二十一年以上的熟成酒桶中，挑選出最完美熟成的原酒酒液，調和出Evermore威士忌。因此每年能生產的瓶數，有一定的限制，這支威士忌就成了限定販賣的頂級商品。

日本的地域性（私釀）威士忌

所謂的「私釀酒」，指的是國內小規模生產的地域性威士忌。1941年創立的東亞酒造，販賣有自家公司蒸餾的「黃金馬秩父單一麥芽威士忌(Golden Horse Chichibu Single Malt)」，以及調和進口蘇格蘭威士忌的「黃金馬武藏威士忌(Golden Horse Musashi)」等。另外，兵庫縣的江井之嶋酒造，則釀造了「白橡木桶皇冠威士忌(White Oak Crown)」調和式威士忌，風味輕快。

鹿兒島老字號的燒酎製造商——本坊酒造，則推出由信州工廠生產的「Mars Maltage 駒之岳10年單一麥芽」等，其他還有許多地域性威士忌，無法盡數。若是在旅遊途中看到了，一定要品嘗看看喔！

今夜，就喝這杯吧！

「Evermore」

Evermore 2003
威士忌

Evermore 2004 （40%vol）

使用三十年熟成的麥芽威士忌原酒所調和，散發濃郁的熟成香，餘韻令人回味無窮。

Evermore 2003 （40%vol）

主要使用1981年蒸餾的麥芽威士忌來進行調和，有淡淡泥煤香。

Evermore 2002 （40%vol）

Evermore 2001 （40%vol）

主要使用1978年的麥芽威士忌來進行調和。甘甜且濃厚的風味。

注意序號！

如香水瓶般簡約且洗練的酒瓶，若是限定商品，在標籤的背後，還會附上序號。

麒麟蒸餾廠的其他威士忌

波士頓會所威士忌 Boston Club

有豐醇、淡麗兩種款式可選擇

具有濃醇風味的豐醇款式，和可搭配清爽食物的淡麗風味等兩種類型。

Robert Brown Special Blend威士忌

甘甜輕柔口感

具有水果般甘甜與圓潤芳香的特徵。

新月威士忌 Crescent

使用四十種以上的原酒調和

豐富且華麗的香味，酒瓶造型細緻。有43及40度等兩種。

世界其他地區威士忌巡禮

除了本書提到的五大主要產區外，有些地方也從事著威士忌的釀造呢！知道的人並不多，一般人聽到還會有「咦？這裡也有威士忌呀？」的反應呢！

例如澳洲，就產有口感清淡，風味溫和的威士忌，它還有與蘇格蘭威士忌調和而成的威士忌呢！另外，捷克和德國，也從事著威士忌的釀造。而越南所釀造的威士忌，則稱為湄公河威士忌。甚至在印尼、紐西蘭、巴基斯坦、芬蘭及南非的尚比亞等國，也都有其國內自產的威士忌！就連台灣，也建立了第一間麥芽威士忌蒸餾廠喔！如果在酒吧中看到了，無論如何也想點一杯來品嘗看看。

也許有一天，這些地區所釀造的威士忌將崛起，並在世界威士忌的版圖上，佔有一席之地喔！

第5章

威士忌的基本常識

◢醲造與飲用◣

直接飲用威士忌
固然不錯，
但有時來杯
威士忌調酒，
也別有風味哩！

麥芽

向專門業者購買麥芽，作為原料

無論是單一麥芽或調和式威士忌，基本上，其基礎均為麥芽威士忌。接下來，就來了解它的釀造方法吧！

麥芽威士忌的原料為大麥，但大麥並無法直接發酵，因此，首先需將大麥的種子，浸泡於水中，使其充分吸收水分，等待發芽。此時，將會產生酵素，將大麥的澱粉質，轉化成糖分。

但是，發芽之後，需仔細觀察麥芽所產生的酵素含量，是否已經達到顛峰的狀態，有時還有必要適時阻止繼續發芽。接著，進行麥芽乾燥，防止養分被水分所吸收。乾燥時，使用煤炭或泥煤等燃料，在發芽的大麥下方燃燒，透過熱風將水分烘乾。而經過乾燥程序的大麥麥芽，就稱作麥芽(malt)。

雖然有些蒸餾廠仍親自進行發麥程序，但這樣的例子已經相當少見了。大部分的蒸餾廠，向被稱作Malt star的製麥專門業者，購買自己所喜好的麥芽。麥的選擇、乾燥的方法和時間、燃燒泥煤的時間長度等細節，均能自己指定，也就是說，能依照自己的配方，來購得符合自己需求的麥芽。

麥芽威士忌 ← 麥芽威士忌的釀造方法為基礎

＋

穀物威士忌

↓

調和式威士忌

麥芽威士忌的釀造，是蘇格蘭威士忌基本的釀造方法。而此法，也成為其他威士忌的基本釀造方法。

發　芽

將大麥浸泡於釀造水之後（浸麥），使其成長、發芽。

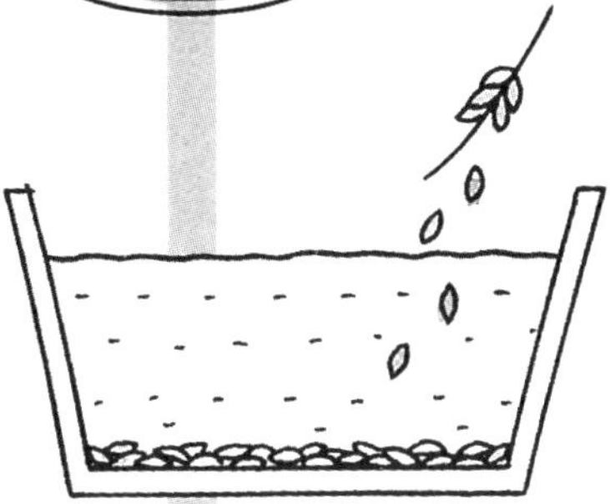

原　料

麥芽原料的品種為二稜大麥。由於富含澱粉質，容易糖化，適合用來釀造威士忌。

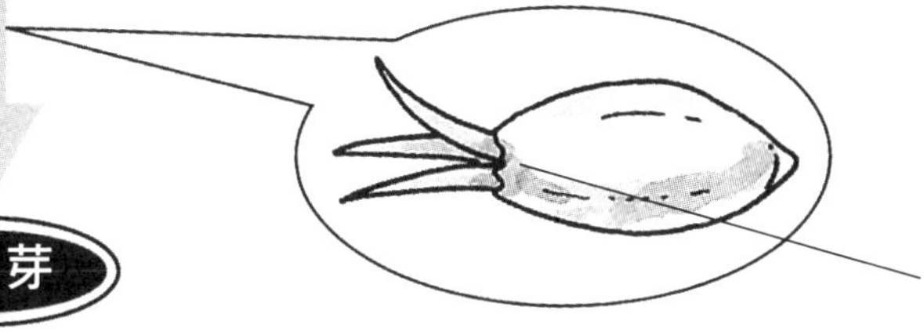

發　芽

發芽到適當的程度後，為了停止麥芽繼續成長，便將其乾燥、除去水分。除了使用煤炭為燃料之外，有時也使用泥煤，來創造出獨特的香味。到目前為止的程序，幾乎所有的蒸餾廠，均委託給製麥的專門業者製作，蒸餾廠僅需直接購買麥芽作為原料即可。

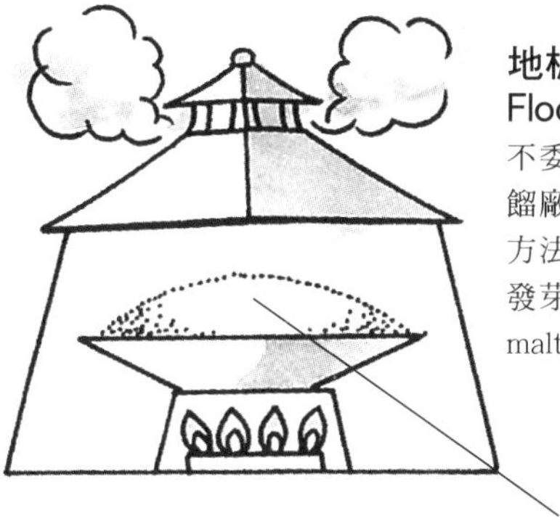

地板發麥
Floor malting

不委託專門製麥業者，蒸餾廠自行依照傳統的作業方法，進行製麥程序（從發芽到乾燥），稱作Floor malting。（參照第48頁）

穀物威士忌的製麥方法

原料

玉米及小麥等穀物。

發芽、蒸煮

麥的發芽方式和大麥麥芽相同。其他的穀物，則先粉碎，再使用蒸氣壓力來蒸煮。

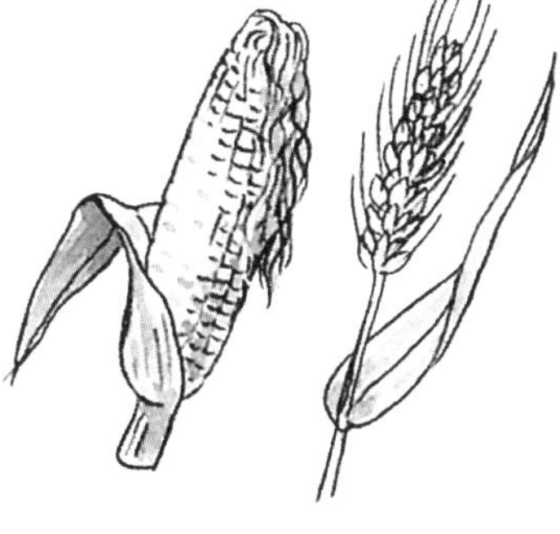

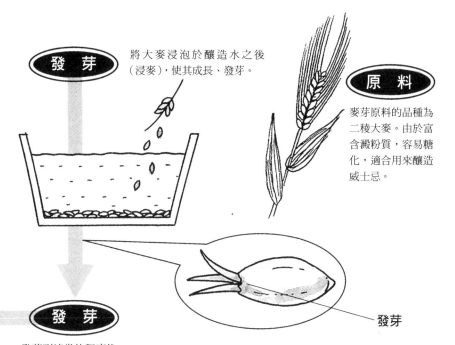

糖化～發酵

麥汁發酵成酒精，接觸空氣愈多，口感愈清淡溫和

大麥變成麥芽後，飽含糖分，接著就進入製作糖液的程序。將乾燥過後的大麥麥芽磨碎，加入熱水，麥芽中的酵素等會將澱粉質，轉變成糖分。接著將麥芽過濾出來，所剩下的就是糖液了。此糖液，即為香甜的麥汁。

大麥發芽時所使用的水，以及糖化程序中所加入的熱水，實際上就是影響威士忌原有風味的元素。此釀造水，如其「mother water」的名稱，就是孕育出威士忌的母親。也正因為如此，釀造水的選擇，就成為了釀造威士忌的重要關鍵元素之一。

接著，加入酵母，使糖化程序中所形成的麥汁進行發酵。此時，所使用酵母的種類、麥汁與空氣接觸的多寡程度等，均是決定威士忌風味的重要關鍵。舉例來說，接觸空氣的程度越多，則釀造出來的威士忌，味道愈是清淡。

到此為止的程序，除了未使用啤酒花之外，其餘均與啤酒的釀造方法一樣。（更多關於啤酒的釀造方法，可參閱本書姐妹作《漫畫啤酒入門》）

美味的威士忌呀！
要是能再年輕一次，該有多好呢！
威士忌又名「生命之水」。相傳能賦予人元氣和活力。

嗯……（無言）

粉碎

將麥芽磨成細粉末狀。

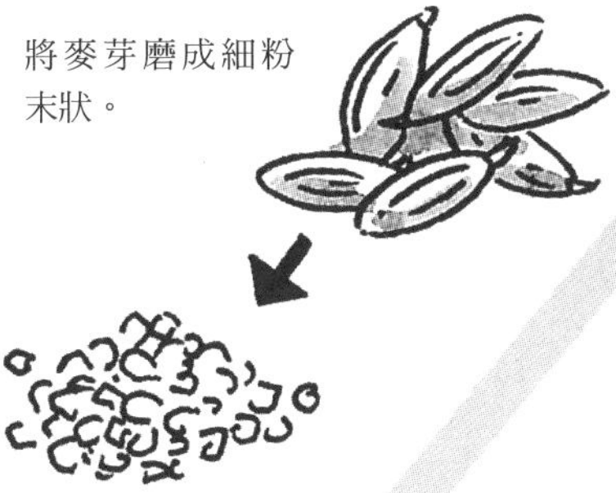

糖化

細末狀的麥芽，與溫水（為使澱粉質容易分解而採用溫熱的釀造水）一同放進糖化槽中。麥芽的澱粉質，將轉變為糖，形成香甜的麥汁。

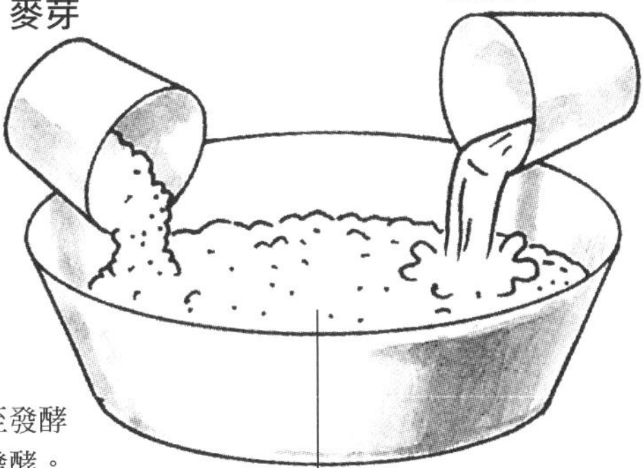

發酵

過濾麥汁，將麥汁移至發酵槽中，加入酵母進行發酵。糖將轉變成酒精。

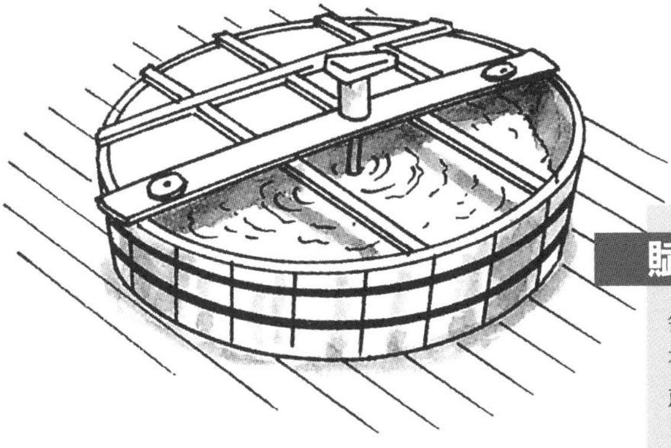

形成發酵液

賦予個性的重點

每個蒸餾廠發酵的方式，都會有些許的差異。這樣的差異，就是決定味道的關鍵點。

★發酵槽的不同
（木頭製、不鏽鋼製）

★酵母的不同

★發酵時間的差異

穀物威士忌的程序？

糖化
粉碎麥及其他穀物，配合溫水、形成麥汁。

發酵
移至發酵槽中，倒入酵母，進行發酵。

蒸餾

有別於啤酒的程序

威士忌與啤酒及葡萄酒的不同，就在於它屬於蒸餾酒。

所謂蒸餾，指的是對混合著不同成分的液體，進行加熱，並以產生的蒸氣進行冷卻，將其變回液體，而析出個別成分的方法。將此方法應用於威士忌時，則是將發酵後所形成的酒汁（稱為Wash），放進罐式蒸餾器（pot still）中進行加熱，接著冷卻氣化後的酒精，變回液體。由於濃稠麥汁的成分以水和酒精居多，因此蒸餾後所得到的液體，就成了高濃度的酒精液體。

但是，酒汁的成分，不僅有水與酒精，也包含著各種不同的香味。使用蒸餾器加熱後，這些成分將會發生化學變化，創造出新的香味，而蘊含著複雜香味的酒液，就是這樣形成的喔！

一般而言，威士忌需進行兩次蒸餾程序。蒸餾所使用的罐式蒸餾器，由於每一次蒸餾酒液都需放進替換，因此也被稱為「單一蒸餾器」。雖然每一個罐式蒸餾器的形狀與大小皆不同，不過一定都是百分之百純手工的銅製品。選擇銅的原因，在於它具有去除混雜風味的功用。

蒸　餾

發酵後的酒汁，移入罐式蒸餾器中加熱，進行蒸餾。第一次蒸餾產生的酒液，酒精濃度較低，味道也較粗糙，再進行第二次蒸餾，將可取得酒精濃度70度左右的酒液喔！

罐式蒸餾器 燈籠型（lantern）

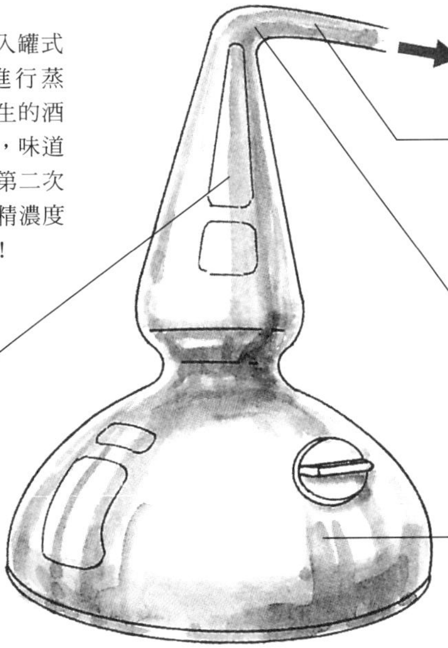

連接冷卻裝置

林恩臂 Line arm
蒸餾器與冷卻裝置的輸送管。蒸氣的通道。

鵝頸彎頭 swan-neck
蒸餾器與Line arm連結的曲線部分。

瓶頸或瓶頭
氣化後酒精蒸氣的通道。

瓶身 body
蒸餾器的主體部分。

每個罐式蒸餾器都是獨一無二

每個單一蒸餾器均為手工製，形狀與大小均有差異。
因此也能產出不同的蒸餾酒液。

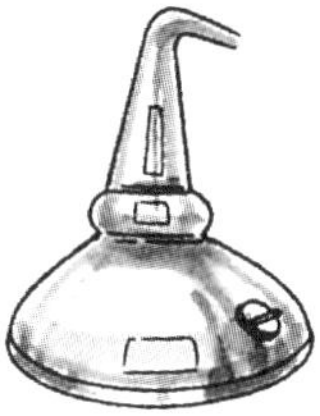

鼓出型 Bulge
產出酒精以外的成分少，酒液的香氣十足、濃厚。

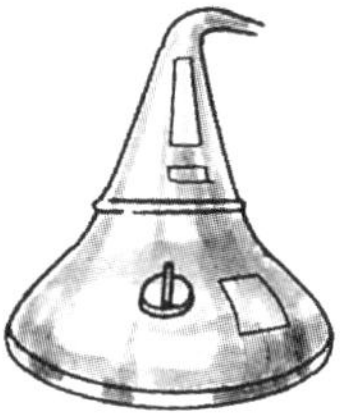

直線型 Straight
殘留較多的酒精以外的成分，產出複雜風味的酒液。

穀物威士忌又是什麼情況？

蒸餾
使用連續式蒸餾器，進行蒸餾。

連續式蒸餾器
穀物威士忌的蒸餾器，為好幾個單一蒸餾器所連結組成。進行一次蒸餾，約可將酒液濃縮至酒精濃度90度左右，產出清淡且純粹的酒液。

熟成

沉睡於橡木桶中，酒液逐漸變成琥珀色

經過蒸餾所產出的威士忌酒液，加水稀釋至62度~63度間，此為最適合放進酒桶中熟成的酒精濃度。最後，再裝進酒桶內，放置酒窖長眠。此時所選用的酒桶材料，正是橡木。由於它質地堅硬、具耐久性，能賦予威士忌豐富成份的香味。

在橡木酒桶中的威士忌，將產生各種不同的變化。天然原木製成的酒桶，氣溫低時會收縮，氣溫高時會膨脹，也就是說，酒桶正進行著呼吸作用。若配合這作用，酒桶的香氣將融入酒液內，而多餘的雜味，也將排出酒桶外。透過水、氧氣及酒精的結合，將創造出更圓融和諧的風味。此外，酒桶本身所含有的丹寧（tannin）色素，也會將酒液的顏色，漸漸改變成晶瑩剔透的美麗琥珀色。

酒桶呼吸時，酒液將悄悄地、少量地蒸發。這在蘇格蘭，有個俏皮的說法，稱作「天使偷嘗的酒」。天使所品嘗過的酒液，量雖然越來越少，但也唯有祂所嚐過的酒液，才能成就出甜美香醇的威士忌。

日本與蘇格蘭一樣，不加E。

附「鑰匙」的酒與不附鑰匙的酒？

威士忌（Whiskey、Whisky）是拉丁語的蒸餾酒，直接譯為蓋爾語所變化出的字詞，意為「生命之水」。發音雖然相同，但單以字母來看的話，蘇格蘭的拼音為「Whisky」，而愛爾蘭等地，則拼為「Whiskey」。後半拼音為key的愛爾蘭威士忌，也被稱作「附有鑰匙的酒」。波本威士忌，拼音也會加上E。

據說自豪為威士忌始祖的愛爾蘭，為了表示「有別於蘇格蘭威士忌」的意義，因而在拼音上，多加了個E。因此，蘇格蘭地區，就繼續採用不加入E的拼音了。

酒桶熟成

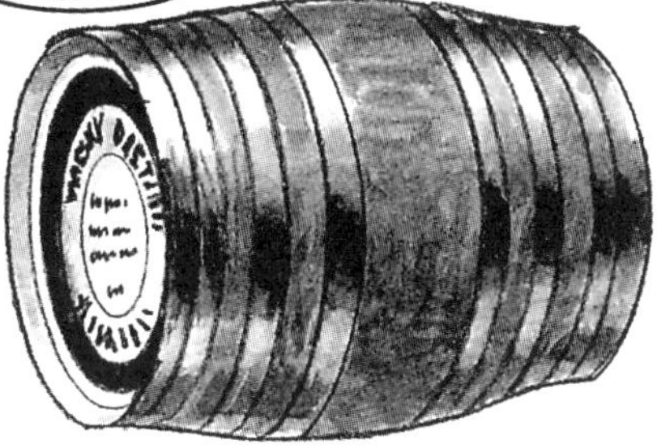

將蒸餾過後的液體，以蒸餾水或純淨的水，將酒精濃度稀釋至最適合進行熟成的62～63度後，放進白橡木酒桶中封存長眠。酒桶的大小及貯藏庫等，均會影響威士忌的熟成。

熟成產生的變化

★圓潤香醇風味
★產生香味
★賦予顏色
★淡化雜味

天使偷嘗的酒

熟成中，酒液經過蒸發而慢慢減少的過程，釀酒師們將它稱作「天使偷嘗的酒」。一般而言，在熟成期間，每年大約會蒸發掉2～3%的酒液。

融入環境的風味

熟成中所蒸發掉的酒液，將由酒桶外的空氣所填補。貯藏庫若是設置於山中，就會融入周圍花木的香氣；若是靠近海邊，則會融進海潮的香味。

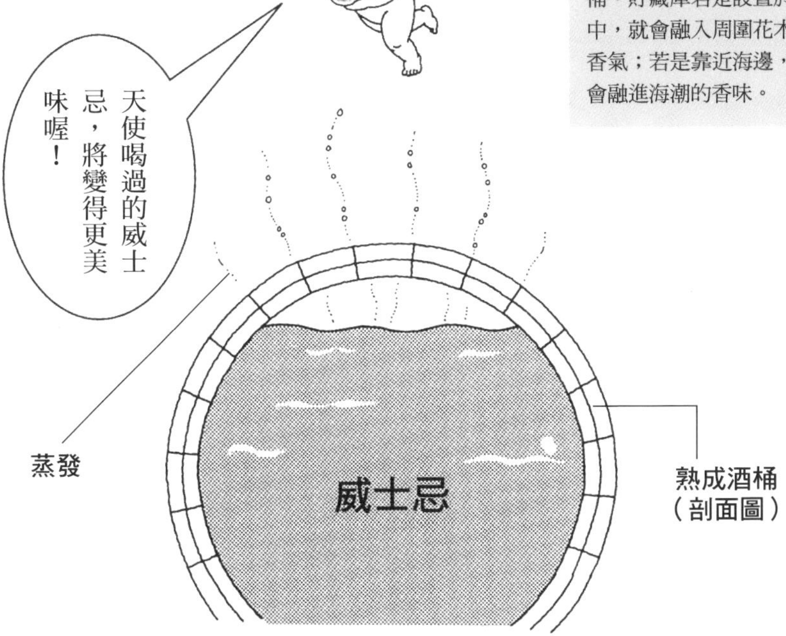
天使喝過的威士忌，將變得更美味喔！
蒸發
威士忌
熟成酒桶
（剖面圖）

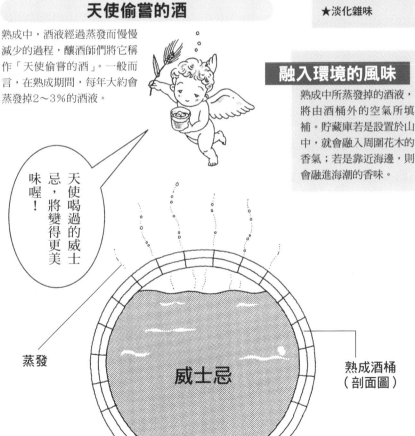

調和、裝瓶

決定最後風味的關鍵時刻

在酒桶內的沉睡時間，以蘇格蘭威士忌來說，最短也要三年。其中有許多威士忌，甚至要經過十到三十年的長期熟成。沉睡後、漸漸甦醒的麥芽威士忌，透過各種不同的管道，最後送到我們的口中。

有的是作為單一麥芽威士忌，直接裝瓶；也有的作為調和威士忌使用。同時，單一酒桶威士忌（Single Cask或Single Barrel）僅用單一酒桶的威士忌，直接裝瓶。有的單一麥芽威士忌，則會與其他酒桶進行調和。有的在零度的低溫下過濾，希望能瀝出雜質、使酒質純淨；而有的則直接從酒窖中取出，不進行過濾。

作為調和式威士忌原酒時，也有的是與穀物威士忌調和後，再次放進酒桶進行熟成的。有的以蒸餾廠為名裝瓶後上市；有的則當作調和用，販賣給其他的公司，買主會要求需放置於賣方的貯藏庫中，直到他們所希望的熟成時間才取回運用。

至於熟成後的酒，要成為怎樣的商品，就要看生產者的喜好囉！

不必多說，喝了就對了。好喝的話，一句「好酒！」也就足以表達了。

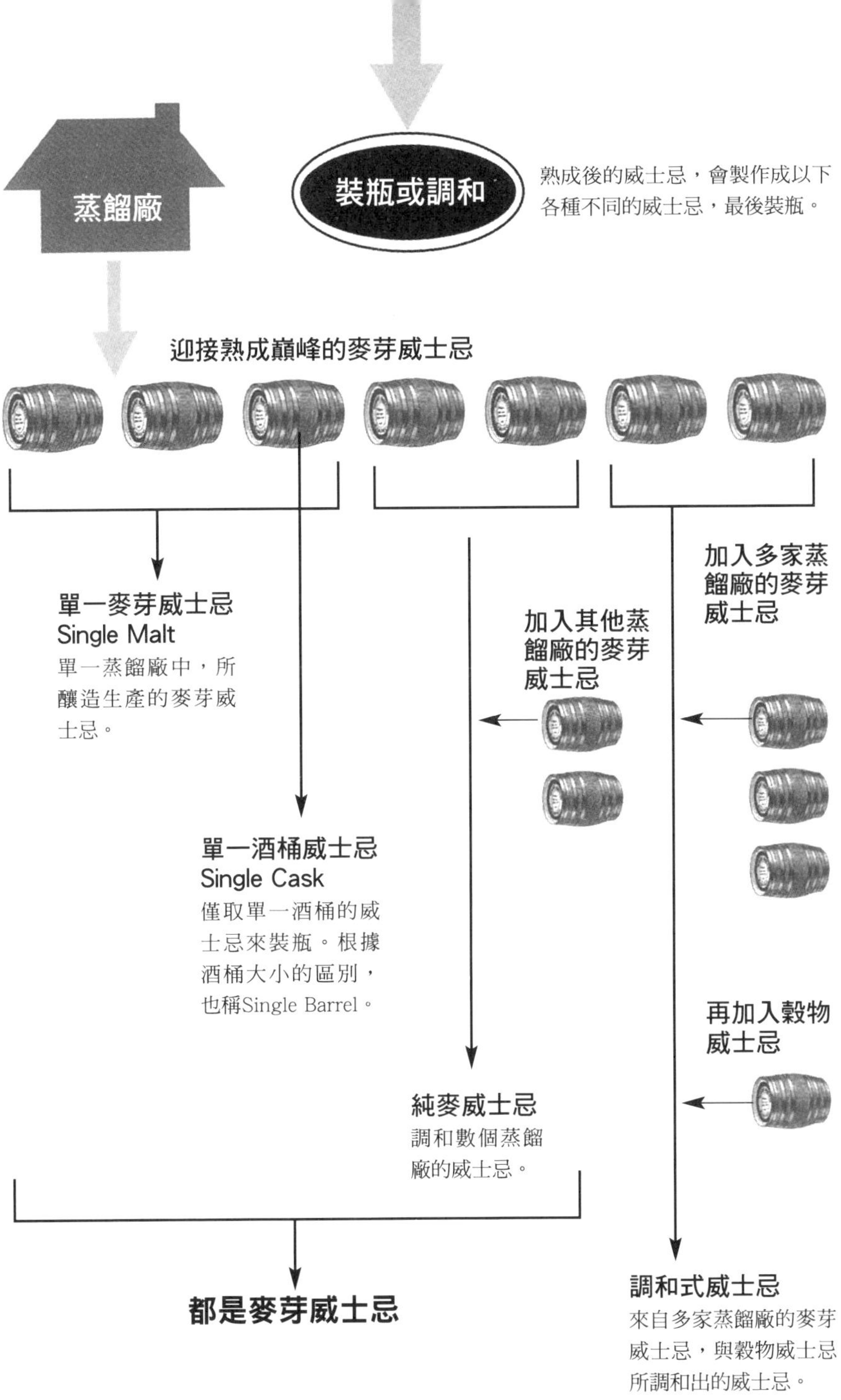

蒸餾廠
裝瓶或調和
熟成後的威士忌，會製作成以下各種不同的威士忌，最後裝瓶。
迎接熟成巔峰的麥芽威士忌
單一麥芽威士忌
Single Malt
單一蒸餾廠中，所釀造生產的麥芽威士忌。
單一酒桶威士忌
Single Cask
僅取單一酒桶的威士忌來裝瓶。根據酒桶大小的區別，也稱Single Barrel。
加入其他蒸餾廠的麥芽威士忌
純麥威士忌
調和數個蒸餾廠的威士忌。
加入多家蒸餾廠的麥芽威士忌
再加入穀物威士忌
都是麥芽威士忌
調和式威士忌
來自多家蒸餾廠的麥芽威士忌，與穀物威士忌所調和出的威士忌。

四種基礎品飲法

愈單純的酒愈是講究

晚餐後的悠閒時光，在客廳邊讀著書或看電視，同時來杯威士忌，細細品嘗，真是最享受的時刻呀！還有，在夏天黃昏時，走出陽台、一邊吹著徐徐微風，一邊品嘗著威士忌，同樣給人歡快的感受。

飲用威士忌，並沒有一定的規則，雖然高酒精濃度的威士忌有作為飯後酒的刻板印象，但不管是作為餐前酒或用餐中飲用，其實都是很不錯的選擇。既然是威士忌，就不必想得太多，盡管找出你所喜歡的威士忌與佳餚的搭配法吧！

香氣與味道個性獨特的單一麥芽威士忌，最好不要就這樣乾了喔！而調和式威士忌，也有許多不同的飲用方法，這也正是它的魅力所在呢！直接飲用當然沒問題，加水稀釋飲用也可以，加入冰塊或蘇打水來飲用，也都很不錯。而在寒冷的冬天裡，來杯溫熱的威士忌，也是不錯的選擇喔！試著尋找出一人獨享、與愛人一同品賞、和朋友們一同享用，以及在每個不同的季節等各種情境下的飲用方法吧！

能因酒款、興致、季節和身心的不同，來改變飲用的方式，也就是威士忌的「真諦」啦！

「純飲的秘訣」

傾注適量
在較小號的酒杯中，倒入約三分之一滿程度的威士忌。一點一滴地緩慢倒入，讓上方的威士忌香氣擴散開來。即使覺得味道很強烈，還是不能加水。

準備一杯礦泉水
準備一只較大的杯子，加入冰塊與礦泉水（Chaser）。能夠舒緩喝過威士忌後，舌頭與喉嚨不適的灼熱感。

Chaser 不一定是白開水
牛奶、烏龍茶、啤酒等，也都可以當作chaser來使用喔！（chaser字面上的意思是「追趕者」，在此指與威士忌混和或交替飲用的飲料）可以多嘗試不同的飲品喔！

「冰飲的秘訣」

使用大塊冰塊
大塊的冰塊較不易溶化。選個堅硬一點的冰塊吧！

倒入三口就能喝完的量
冰塊一溶化，味道就會變淡，因此就倒入在冰塊溶化前，可以喝完的量吧！

冰飲時，也可以準備一杯chaser

「水割喝法的秘訣」

不加冰塊的水割喝法

僅加入冰涼的礦泉水來稀釋，不必擔心冰塊溶解，味道會變更淡薄。

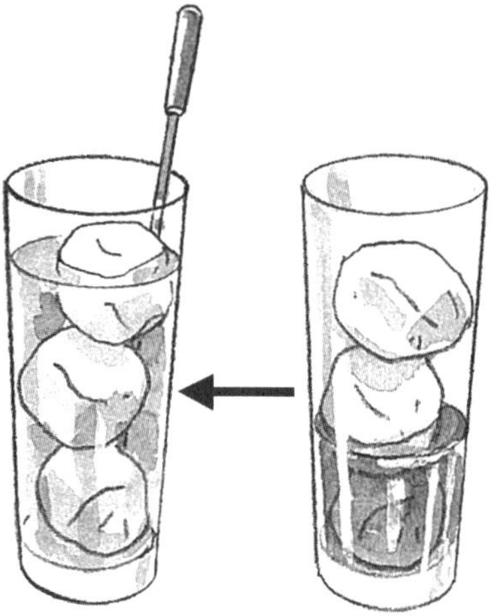

將威士忌倒進加了冰塊的酒杯，約三分之一左右的份量（比例可隨個人喜好調整）。

倒入礦泉水，輕輕攪拌。

若每天晚上，都有能一起喝杯威士忌的人，那就是最大的幸福了！

「Highball調酒的秘訣」

別混和太多蘇打水
碳酸很快就消失了，不必混和太多。

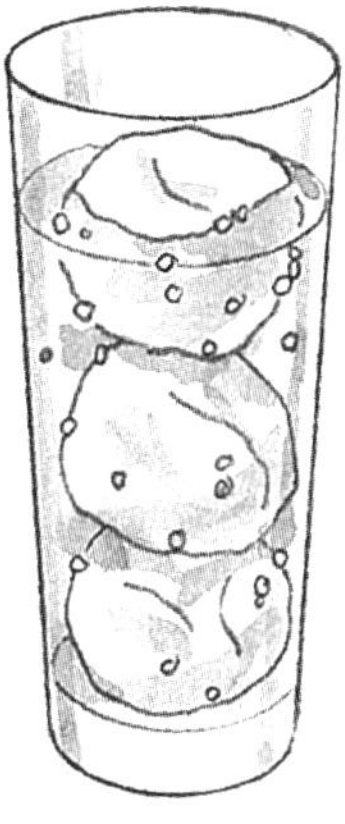

與水割喝法相同，倒進約三分之一杯左右的威士忌，加入蘇打水。

嘗試加入蘇打水以外飲料的樂趣

Perrier
氣泡性礦泉水，鈣含量較多，鎂含量較少。在清爽的風味中，爽快感倍增。

Tonic water通寧水
在蘇打水中，加入檸檬或萊姆等柑橘類的香精與糖分。無色透明，淡淡的清爽風味。

威士忌的各種不同飲用法

「Whiskey Float」

將水與威士忌分成兩層的飲用方法。
首先倒進半杯水，從水面開始，沿著攪拌棒緩緩流入一層威士忌。

每一口，味道都不一樣，相當有趣。

「Twice Up」

品鑑威士忌最適合的飲用方法。
在如葡萄酒杯般窄口的玻璃杯中，加入常溫的威士忌與等量的常溫水。

在常溫中飲用，可以喝出威士忌的香味。

「Hot Whiskey Toddy」

香甜溫熱的飲用方法。
在耐熱的杯中，加入少量的熱開水和砂糖，再倒入威士忌，以熱開水來調整個人喜好的濃度，最後放入一檸檬薄片。

暖和身體，幫助睡眠。

創造美味的水割喝法

些微差異，都會影響酒的風味

由於威士忌是經過長久漫長的等待、費盡心思才釀造完成的，當然飲用方法也要稍微講究一下，才能喝到更上乘的美味喔！

若是使用冰飲及水割喝法的話，最需要注意的就是水與冰塊了。一定要避免使用自來水，以及在家庭中的冰箱中用自來水所製成的冰塊。因為自來水中含有氯，會將威士忌的美味破壞殆盡。

最適合的，莫過於和釀造水同樣純淨的水了。若以蘇格蘭威士忌來說，使用蘇格蘭的水來稀釋，是最適當的了，但是在台灣，根本就無法取得。不過只要尋找屬於軟水的礦泉水，就能與蘇格蘭威士忌搭配飲用。

至於冰塊，它的作用不僅是把威士忌降溫喔！冰塊在杯中晃動所發出的清脆聲響，也是激發出威士忌美味的一大要素呢！為了不讓威士忌的美味變得太稀薄，最好使用堅硬且不易溶化的冰塊。雖然也可以使用礦泉水在家中製冰，但直接購買冰塊，可能較為方便吧！

在家中，也能好好享用水割喝法！

在自家製冰時…

在自家中，以水割喝法享用威士忌時，即使準備了礦泉水，但一旦用了自來水製成帶有氯臭味的冰塊，或者容易溶解的冰塊，仍會破壞了威士忌的美味。既然水都如此講究了，冰塊當然也必須注意一下囉。

首先，要使用礦泉水，以製冰機製冰、結成冰塊後，將冰塊裝進塑膠袋，再次放進冷凍庫中。這個動作，將會減少冰塊中的氣泡，而結成更堅硬的冰塊喔！也可將水倒入大型密閉容器中，放進冷凍庫結凍，結冰取出後，再切割成冰塊。

為了不影響威士忌的味道被食物混雜，冷凍庫內也記得要妥善管理！

水的講究

好喝與難喝的區別，關鍵就在水

要在自家喝到美味的威士忌，千萬別小看水與冰塊的重要性喔！

不可以使用自來水，一定要以礦泉水來稀釋飲用！

水　選用水質和釀造水相似的純淨水

若是與威士忌的釀造水（詳細請參照第37頁）硬度差不多的礦泉水，就能造就出完美調和的水割喝法。以下就來為各位介紹一下，在台灣就能買到的主要礦泉水品牌，供您參考！

市面上販售的主要礦泉水

軟水

- 南阿爾卑斯天然水
- 蘇格蘭 Highland Spring礦泉水
- Evian（法國愛維養礦泉水）
- Volvic（法國富維克礦泉水）
- Contrex（法國礦翠礦泉水）

硬水

（↕ 硬度）

稀釋飲用的訣竅，就在水的講究裡。

冰　以大小、形狀來區分

冰塊的大小及形狀不同，會影響溶化速度與冷卻程度。可以搭配飲用方法來選擇。

團塊狀冰塊
Lump of ice
如握拳般大小的球形冰塊。不易溶化且美觀，可使用於冰飲喝法。

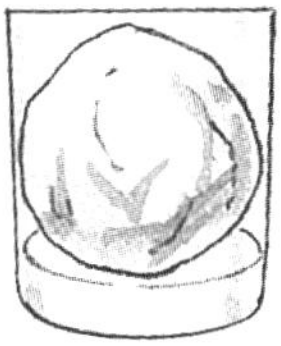

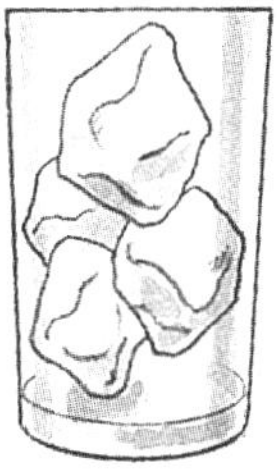

不規則塊狀冰塊
cracked ice
約3～4公分的不規則塊狀冰塊。一般超市就有賣，可用於水割喝法等。

立方體冰塊
Cube ice
製冰器製造出般的立方體冰塊。可用於水割喝法等。

碎冰塊
Crushed ice
細末狀的冰塊。用於冰鎮薄荷茱莉普（Julep，參照第183頁）等需要快速冰涼的調酒。

酒杯能改變風味

與口接觸的杯緣愈薄，口感愈是滑順

威士忌並沒有「非得使用這種酒杯來喝不可！」的規矩。雖然可使用自己喜愛的杯子來飲用，但是若能稍微注重一下，將會感受到更多樂趣喔！

想要細細品嘗單一麥芽威士忌時，可以選用杯子上部較窄的鬱金香花型酒杯，能將它的香味閉鎖於杯子內，變得更加鮮明；純飲的話，就使用威士忌酒杯（short glass）；水割喝法，使用厚玻璃平底無腳酒杯（tumbler）；加冰塊飲用時，則選擇杯身較短的經典威士忌杯。

不僅是形狀，酒杯玻璃的厚度也會影響口感。杯緣較薄的酒杯，與嘴唇間的觸感較為柔軟，因此口感變得較輕柔。另外，直徑超大的酒杯，與口接觸的部分較寬廣，能裝可以大口暢飲的大量威士忌。據說與口接觸的杯緣愈薄，飲用起來就愈是美味喔！實際上，多嘗試使用各種不同的酒杯來飲用威士忌，你就能了解到口感的變化！

尋找屬於自己的酒杯

既然是自己專用的酒杯，那就挑個稍微精緻一點的吧。

世界上有許多高評價的酒杯製造商，如法國的Baccarat、St. Louis及Lalique，德國的Meissen Crystal，以及日本的Kagami Crystal等品牌，讓人真想每種都試試看。

另外，總部設置於蘇格蘭、並在世界上十四個國家設有分部的威士忌愛好會——蘇格蘭麥芽威士忌俱樂部（Scotch Malt Whisky Society）所出品的酒杯，以及葡萄酒酒杯中，知名Riedel公司的「單一麥芽威士忌」水晶酒杯等，均相當適合用來品嘗威士忌。

各式各樣的酒杯

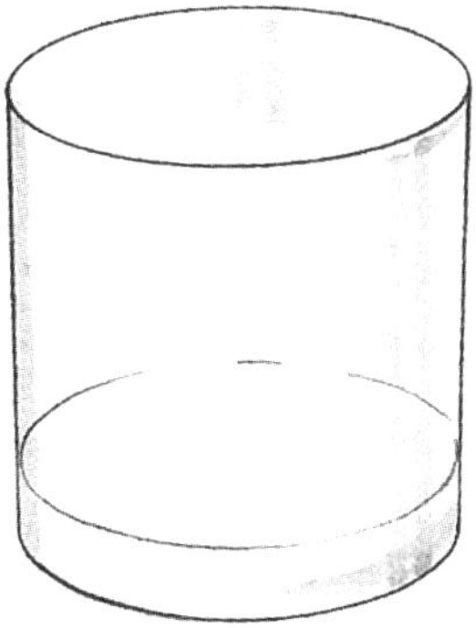

經典威士忌杯
Old Fashioned Glass
適合拿於手掌上的堅固酒杯。不論是純飲、冰飲、及水割喝法皆可使用。較適合男性。

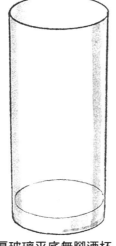

厚玻璃平底無腳酒杯
tumbler
被稱作像杯子般縱長的酒杯。

細長直線型酒杯
Collins glass
比起厚玻璃平底無腳酒杯，來得細長的酒杯。

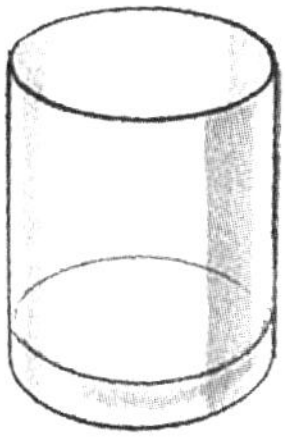

威士忌酒杯short glass
純飲專用的酒杯，適合拿在手掌上的小尺寸，有單杯容量的30ml與雙倍容量的60ml兩種。具有許多不同形狀與切割法。

鬱金香花型tulipe酒杯
容易感受酒的香氣與味道，品酒專用，也用來作為葡萄酒杯及聞香杯（Nosing glass）等。

調酒酒杯 cocktail glass
使合飲用曼哈頓等短飲的調酒時使用。

成為酒吧裡最得體的名人

紳士與淑女的禮儀

雖然在家飲用也很好，但若能在酒吧中，一邊與調酒師或其他客人閒話家常、一邊飲用著威士忌，一定能享受到更多樂趣。由於酒吧內的威士忌種類相當齊全，想要嘗試飲用許多種類的時候，只要一杯一杯點來喝即可，比起買回家享用、一次得買上好幾瓶，要來得經濟實惠些吧！

一般而言，大飯店內的酒吧，較多屬於高格調且正規的酒吧。而街上的酒吧，從高格調的老店，到一般的酒吧，甚至是較重視氣氛、而不重視酒的酒吧等，真是相當多樣化呢！雖然要如何挑選店家，全憑個人喜好，但若是想要品嘗美味的威士忌或調酒，還是建議選擇有優秀調酒師駐店的酒吧。在這樣的酒吧中，除了擁有相當精緻且齊全的酒類外，調酒師們也都具備相當豐富的酒類知識喔！此外，由於也有專賣單一麥芽威士忌的麥芽威士忌酒吧，可以試著尋找看看喔！

酒吧，是紳士與淑女交流談天的好地方。喝醉後醜態百出，與大聲喧嘩造成周遭客人的困擾等，可是嚴格禁止的喔！擁擠時，適時地讓座等禮貌，也是在酒吧中的修養之一呢！

想要來點下酒菜時…

說到威士忌的配酒小點心，必定非堅果類莫屬了。但是，除堅果類之外，也有其他美味的組合喔！

例如：可稱作葡萄酒良伴的起士，與威士忌也相當速配喔！若是蘇格蘭產的天然起士，與蘇格蘭威士忌，一定是絕配；若是煙熏風味的威士忌的話，應該很適合搭配煙熏起士與煙熏鮭魚等熏製品吧！另外，巧克力與香草冰淇淋，高熱量的奶油甜點等甜品，也都相當適合搭配威士忌品嘗喔！

尋找最喜愛酒吧的三大重點

味　道

有優秀調酒師駐店者為佳。可以先選擇一家正式飯店或老字號的酒吧，體驗看看。最近，專門販賣麥芽威士忌等特定酒品的酒吧，也有增加趨勢。

調酒師

除了能為客人調出一杯好酒之外，令人感到親切愉快的服務、以及優良的品行，也同樣重要！

氣氛和格調

能夠獨自安靜飲酒、或能夠熱鬧談笑，有各種不同氣氛格調的酒吧。不妨把顧客年齡層與調酒師的年齡等條件一併考慮進去，來選擇自己喜歡的酒吧！

酒吧的基本禮儀

不宜在酒吧裡逗留太久，感到人潮擁擠時，應立刻起身讓位。
需有「酒不是用來買醉」的自覺。
不可大聲喧嘩吵鬧。
什麼嘛，這麼簡單！這樣我也可以做到呀！
這些是任何人都可以做到的事！

短飲 Short Drink

趁冰冷時飲用

威士忌，也經常作為調酒的基酒使用！

舉例來說：有種名為「羅伯羅依（Rob Roy）」的調酒，原指舉旗推翻政府暴政，蘇格蘭的傳奇性義賊，也就是我們熟知的羅賓漢。因此理所當然地，使用蘇格蘭威士忌作為基酒。

羅伯羅依是短飲類的調酒之一。此短飲指的是，調好後需在短時間內喝完較好喝的酒，因此通常以小尺寸的調酒杯來盛裝。此種調酒，雖使用攪拌冰鎮的方式製作，但酒杯中卻不放入冰塊，時間一久風味就會減弱，最好趁冰冷時飲用完畢喔！通常最佳的飲用時間，是調好後的十～二十分鐘內。

以威士忌為基酒的調酒，雖然沒有特別限定使用哪種威士忌，但有些還是會使用蘇格蘭威士忌、裸麥威士忌或波本威士忌等，來決定調酒的口味。

然不管使用哪一種威士忌，以威士忌為基酒的調酒，大部分都是高酒精濃度。加上必須在短時間內喝完，需特別注意別喝太急，也別喝太多喔！

現在，是不是比較了解威士忌了呢？
還有很多，是要靠自己試喝來體驗的喔！來，喝吧！
嗯！我對威士忌愈來愈有興趣了！

短飲型的威士忌調酒

羅伯羅依Rob Roy

散發著淡淡泥煤香，甘甜可口的調酒。高酒精濃度。

材料

蘇格蘭威士忌 45ml
甜苦艾酒 15ml
安哥斯吉拉藥草苦酒 1ml

製作方法

將材料混合後，倒入酒杯。

將蘇格蘭威士忌基酒，換成黑麥威士忌。

曼哈頓Manhattan

具有「調酒女王」的別名。強烈芳香，高酒精濃度。

材料

裸麥威士忌 45ml
甜苦艾酒 15ml
安哥斯吉拉藥草苦酒 約1ml

製作方法

將材料混合，倒入酒杯。

* shake：將材料與冰塊放入shaker杯中，搖動混合。

* stir：使用攪拌匙將mixing glass中的材料攪拌混合。

邱吉爾Churchill

酸酸甜甜，酒精濃度偏高。以英國前首相的名字來命名。

材料

蘇格蘭威士忌 30ml
君度橙酒 Cointreau 10ml
甜苦艾酒 10ml
萊姆汁 10ml

製作方法

將材料搖勻，倒入酒杯中。

紐約客New Yorker

萊姆的香味，爽快的辛辣口感。酒精濃度稍微偏高。

材料

裸麥威士忌 45ml
萊姆汁 15ml
石榴糖漿 約5ml

製作方法

將材料混合，倒入酒杯。

老友Old Pal

具有「老朋友」的意思。帶有Campari的適度甜味，酒精度偏強。

材料

裸麥威士忌 20ml
乾苦艾酒(Dry vermouth) 20ml
金巴利（Campari） 20ml

製作方法

將材料混合，倒入酒杯。

長飲 Long Drink

悠閒徐緩的享用

相對於短飲，需悠閒徐緩享用的調酒，稱作長飲（Long Drink）。通常使用比短飲大的酒杯來盛裝，並大多加入冰塊與碳酸飲料。約有三十分鐘的最佳賞味時限。

威士忌長飲調酒的代表，應該是調和檸檬汁與碳酸飲料的約翰克林斯(John Collins)吧！此酒雖然是工作於倫敦的服務生約翰所發明，但據說一開始所使用的基酒是荷蘭琴酒，不知何時變成了威士忌。即使同樣都是克林斯，但以琴酒為基酒的稱作湯姆克林斯(Tom Collins)；以波本威士忌為基酒的，稱作庫爾柯林斯（Cool Collins）。使用的基酒不同，調酒名稱也會改變，還真是有趣呢！

不僅可以冷飲，還能溫溫的喝唷！溫熱的威士忌（參照第173頁），由於可以暖和身體，有人還將它當作感冒特效藥呢！據說在蘇格蘭流傳著這個偏方：若感冒了，就喝威士忌來治癒，作用和日本的蛋酒相同。

長飲型的威士忌調酒

老古板Old Fashioned

具有百年以上歷史，誕生於肯塔基州的調酒。一邊吃著酒杯上裝飾的水果，一邊飲用，屬於高酒精濃度的調酒。

材料
波本威士忌或黑麥威士忌 45ml
方塊砂糖 1顆
安哥斯吉拉藥草苦酒 約2ml
柑橘切片 適量

製作方法
將材料倒進放有冰塊的酒杯，攪拌調合。

鐵釘Rusty Nail

酒精濃度高。以吉寶液甜香酒(Drambuie)和蘇格蘭威士忌為基底的酒類。

材料
蘇格蘭威士忌 40ml
吉寶液甜香酒 20ml

製作方法
將材料倒進放有冰塊的酒杯中調和(build)。

將吉寶液甜香酒，換成杏仁香甜酒Amaretto。

教父God Father

具有杏仁香甜酒安摩拉多的香味，酒精濃度高。

材料
蘇格蘭威士忌 40ml
安摩拉多杏仁香甜酒 15ml

製作方法
將材料倒進放有冰塊的酒杯中調和。

薄荷茱莉普Mint Julep

薄荷的涼爽香味，與碎冰塊的完美調和，風味爽快。酒精濃度稍微偏高。

材料
波本威士忌 60ml
砂糖 約10ml
水(或蘇打水) 約10ml
薄荷葉 適量

製作方法
把波本威士忌以外的材料，倒入杯中。一邊搗碎薄荷葉，一邊溶解砂糖。放進碎冰塊、倒入波本威士忌後，充分攪拌調合。最後以薄荷葉與吸管作裝飾。

* build：直接將材料倒進杯中來製作。

愛爾蘭咖啡Irish coffee

材料
愛爾蘭威士忌 30ml
砂糖 約5ml
熱咖啡 適量
鮮奶油 適量

製作方法
將鮮奶油以外的材料放入酒杯中，再加上打成奶泡的鮮奶油即成。

HOT 熱飲

後記

「懂得品酒的人，絕對不是壞人！」

這句話來自於我最喜歡的蘇格蘭飯店的經營者。他飯店中的酒吧，一到了晚上十點，無論是不是還有客人在酒吧內，服務人員皆可下班回家。剩下來的客人，將會自動記下自己所喝的酒，以便結帳。

當我詢問他：「這樣做真的好嗎？」他的回答就是本文章開頭那句話。威士忌聖地蘇格蘭的居民，就是這麼的隨和與熱情。也正是因為如此，即使我到了英國，連大英博物館都不去參觀也無妨，反而前往愛丁堡、艾雷島及奧克尼等地，繼續我的美味威士忌暢飲之旅。

若要說我在日本的日常生活中，是多麼的熱愛威士忌，那還真是到了每天必喝的狂戀程度！雖然葡萄酒、調酒、燒酌等酒類我都喜歡，但對於威士忌的喜愛，已到了不需任何下酒小菜來搭配，僅想純粹享受它的香氣與味道的地步。

最令我感到幸福的，就是工作完成後能喝上一杯。獨自享用一杯固然很好，前去酒吧喝一杯也不錯。喝下啤酒或調酒之後，最後再喝個兩杯強烈的威士忌，忍不住一股成就感油然而生——該怎麼形容才好呢？就是一種堅定、穩固的感覺。

最後一杯，果然還是非威士忌不可呀！

但是威士忌不僅是拿來喝而已，收藏威士忌可也是我的嗜好之一呢！噢不，以我的情況而言，與其說是收藏的嗜好，倒不如說可能已經買上癮了，若現在不買，感覺它好像就會消失了一樣。一想到這風味的威士忌，若是錯過、這輩子可能就不會再遇到第二次了，別說是一瓶，再多瓶我也全數買下。若說是一件十萬元的衣服，我一定會猶豫到底要不要買，但若是威士忌，絕對是眉頭連皺都不皺一下，馬上衝動地買下。不僅是單純的收藏，買下後，我就會忍不住地盡快開來品嘗，但是，也就又更難再買到另一瓶了……

當然地，也有我非常喜歡，得來不易的酒款。記得好不容易找出我的珍藏「Glen Grant 38年」時，彷彿聽見老天爺對我說：「這個，風味被破壞了喔！」從此之後，就好好地將威士忌收藏在自己不會忘記的地方。威士忌的好處就是，比葡萄酒容易保存，不必花太多心力照料。

此外，關於威士忌的飲用，我認為最重要的，就是找到自己最喜歡的專屬味道。將自己喜歡的酒，集中一起飲用，尋找自己喜歡的風味，若能以此為基準繼續品飲，很快地就能知道這支威士忌適不適合自己，是不是真的喜歡這種風味了。而且，個性鮮明的單一麥芽威士忌，可以輔佐作為幫助衡量的基準，以我來說，使用的就是艾雷島麥芽威士忌。

僅看酒標來挑選，最後一定會成為品酒知識淺薄的人。若以身體感覺來感受體會，有朝一日一定能成為威士忌行家。若找到了自己最喜愛的威士忌，不用非得天天喝，但至少也要三天喝一次。定期飲用，透過身體的感覺，好好地記住這酒的風味！

威士忌的味道，即使屬於同一個品牌，也可能因蒸餾年份、熟成年數及酒桶的種類，而有所不同喔！更進一步來說，可能每一瓶酒的味道都不同呢！另外，即使是同一瓶酒，經過一個月再飲用，剛喝時、喝到一半時，以及喝到最後時，味道以及風味，都會有微妙的改變喔！

希望隨著時間的流逝，威士忌能夠漸漸地被推廣到全世界，也許我的這本書，也能幫助你、讓視野更加開拓吧！

二〇〇四年九月

古谷三敏

VV0017Y

漫畫威士忌入門（暢銷經典版）

單一麥芽・純麥・調和，全方位的品飲指南

原　書　名／知識ゼロからのシングル・モルト&ウイスキー入門
著　　　者／古谷三敏
譯　　　者／吳素華
審　　　定／姚和成

出　　　版／積木文化
總　編　輯／江家華
責任編輯／徐昉驊、沈家心
版　　　權／沈家心
行銷業務／陳紫晴、羅伃伶

發　行　人／何飛鵬
事業群總經理／謝至平
城邦文化出版事業股份有限公司
台北市南港區昆陽街16號4樓
電話：886-2-2500-0888 傳真：886-2-2500-1951
發　　　行／英屬蓋曼群島商家庭傳媒股份有限公司城邦分公司
台北市南港區昆陽街16號8樓
客服專線：02-25007718；02-25007719
24小時傳真專線：02-25001990；02-25001991
服務時間：週一至週五上午09:30-12:00；下午13:30-17:00
劃撥帳號：19863813 戶名：書虫股份有限公司
讀者服務信箱：service@readingclub.com.tw
城邦網址：http://www.cite.com.tw
香港發行所／城邦（香港）出版集團有限公司
香港九龍土瓜灣土瓜灣道86號順聯工業大廈6樓A室
電話：852-25086231　傳真：852-25789337
電子信箱：hkcite@biznetvigator.com
馬新發行所／城邦（馬新）出版集團Cite (M) Sdn Bhd
41, Jalan Radin Anum, Bandar Baru Sri Petaling, 57000 Kuala Lumpur, Malaysia.
電話：603-90563833　傳真：603-90576622
電子信箱：services@cite.my

國家圖書館出版品預行編目(CIP)資料

漫畫威士忌入門：單一麥芽.純麥.調和,全方位的品飲指南 = The guide of tasting whisky for beginners/古谷三敏著；吳素華譯. -- 三版. -- 臺北市：積木文化, 城邦文化事業股份有限公司出版：英屬蓋曼群島商家庭傳媒股份有限公司城邦分公司發行, 2025.01
面；　公分. -- (飲饌風流；17)
譯自：知識ゼロからのシングル・モルト&ウイスキー入門
ISBN 978-986-459-640-9(平裝)
1.CST: 威士忌酒
463.834　　113017799

封面設計／謝捲子@誠美作
內頁設計／陳穎萱
製版印刷／上晴彩色印刷製版有限公司

城邦讀書花園
www.cite.com.tw

【印刷版】
2025年01月02日 三版一刷
售價／399元
ISBN 978-986-459-640-9
Printed in Taiwan.

【電子版】
2025年1月 三版
ISBN 978-986-459-639-3 (EPUB)